乡村振兴人才培养系列教材
图说现代农业高质量发展关键技术丛书

图说榛子周年栽培关键技术

梁春莉　王志利　于立杰　编著

中国农业大学出版社
·北京·

内容提要

棒树为榛科榛属植物，是我国北方重要的经济林树种，其果实是营养丰富的干果。平欧杂种榛是20世纪80年代辽宁省经济林研究所通过有性杂交培育的新品种，目前栽植的优良品种有10余种。由于平欧杂种榛栽培历史较短，多数栽植农户对榛树栽植技术了解极少，榛树产量普遍不高。人们对于简单易懂的榛树栽培指导类书籍的需求极其迫切。我们结合本单位及部分榛树研究院所20多年来的研究和生产实践经验汇编此书，希望能为广大榛树栽培者提供专业栽培知识和技术。本书结合精美彩图首先从榛子品种、如何建园、榛树整形修剪及病虫害防治等常见关键问题展开；然后以农民熟悉的农时季节——春、夏、秋、冬为主线，介绍各时期榛树栽培管理要点；尤其在书末附录中，针对农民榛树生产中常见问题及农事操作规范进行总结与论述。

本书科普性和专业性并重，内容新颖，实用性强，可为从事榛树栽培的职业农民、企业人员、果树栽培技术爱好者使用，也可供相关专业院校师生参考。

图书在版编目(CIP)数据

图说榛子周年栽培关键技术/梁春莉，王志利，于立杰编著．--北京：中国农业大学出版社，2023.7

ISBN 978-7-5655-2833-0

Ⅰ.①图… Ⅱ.①梁… ②王… ③于… Ⅲ.①榛－果树园艺－图解 Ⅳ.①S664.4-64

中国版本图书馆CIP数据核字(2022)第130602号

书　　名　图说榛子周年栽培关键技术

作　　者　梁春莉　王志利　于立杰　编著

策划编辑　林孝栋　康昊婷　　**责任编辑**　李卫峰

封面设计　郑　川　李尘工作室

出版发行　中国农业大学出版社

社　　址　北京市海淀区圆明园西路2号　　**邮政编码**　100193

电　　话　发行部 010-62733489,1190　　读者服务部 010-62732336

编辑部 010-62732617,2618　　出　版　部 010-62733440

网　　址　http://www.caupress.cn　　**E-mail** cbsszs@cau.edu.cn

经　　销　新华书店

印　　刷　涿州市星河印刷有限公司

版　　次　2023年7月第1版　2023年7月第1次印刷

规　　格　146 mm×210 mm　32开本　4.75印张　176千字

定　　价　39.80元

辽宁农业职业技术学院园艺技术专业群
果树科普著作编委会成员

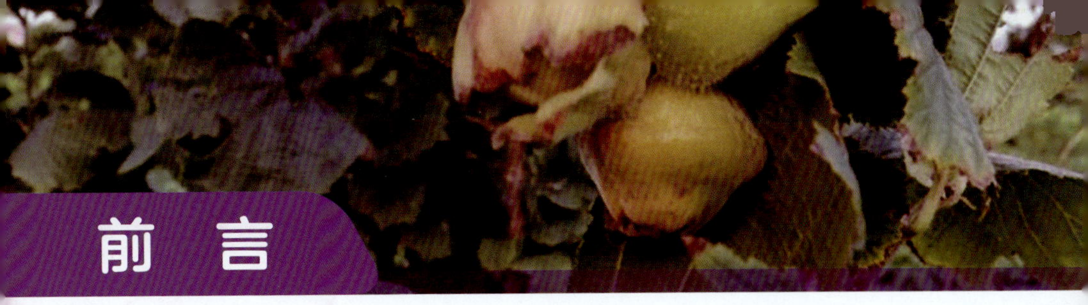

前言

榛子是世界四大坚果之一，榛仁具有独特风味和丰富营养，除可鲜食外，还是各类食品加工如巧克力、糖果、榛油等的原料。我国是榛树原产国之一，原产于我国的榛属植物有8种。目前商品化栽培的榛属种类有平榛、平欧杂种榛及欧洲榛。平欧杂种榛栽培面积随年份增长较快，截至2018年，据不完全统计，辽宁省平欧杂种榛栽培面积40万亩，在各省种植面积中居第一位，全国种植面积100万亩。

榛子产业发展迅速，但是多数农民对榛子栽培技术掌握较少，认为榛子是一种经济林树种，栽植简单，管理粗放，几年就可见果，甚至很多果园榛树上部进行生产，下部进行育苗，将榛树生产和育苗同时进行，导致果树结果产量极低，榛果品质较差，使后来栽植榛树的榛农对榛子栽培失去信心。2016年，原国家林业局大力推广退耕还林、沙地改造种林等一系列改良土壤的政策，各地林业及农业主管部门纷纷响应号召，对于栽种平欧杂种榛给予栽植补助，农民栽种平欧杂种榛的热情又高涨起来，对于专业栽植技术的需求极其强烈。

榛树栽培面积较大的地区，农业及林业主管部门对于榛树栽培技术培训非常重视，培训较多，但农民在课上所学的知识不能充分吸收，需要一本翔实可靠，与农业生产最贴近，经验最先进，且通俗易懂的小册子以供学习。由于榛树栽培产业发展历程较短，本产业科研工作者较少，著作更是稀少，榛树种植多数是以农民及合作社为主，受众群体知识层次不高，对于学科性分类介绍不能立即转化为自用技术。因此，我们结合二十多年的研究和生产实践经验，编写了这本实用的生产指导用书。

本书以榛树的品种选择、建园及栽植、整形修剪、病虫害防治、周年管理技术为主线，将栽培管理要点进行梳理，以问答形式展现给读者。本书栽培技术以榛子行业专家多年宝贵指导经验为基础，收集相关科研院所、农民合作社多年栽培经验汇编而成。书中技术介绍辅以清晰图片，图文并茂，能迅速让农民从基本认知提升到专业生产技术水平。本书的出版能为榛树生产一线各类从业者提供最基本的技术指导，为榛树栽培技术迅速普及奠定基础。

在本书的编写过程中，编著者得到众多从事榛树栽培同行的热情帮助，参考了有关单位和专家的文献资料，在此一并表示诚挚的感谢。由于编著者水平和时间所限，疏漏之处敬请读者批评指正。

编著者

2022年8月

目录

第一章　榛树品种选择及优良品种

第二章　榛生产园管理技术

第三章　榛树的树形及整形修剪

第四章　榛树常见病虫害的识别与防治

第五章　榛生产园周年管理技术

第六章　榛园育苗技术

附录

第一章
Chapter 1

榛树品种选择及优良品种

一、如何科学地选择榛子品种？

榛树为榛科榛属植物，全世界有 20 余种，广泛分布在亚洲、欧洲、北美洲的温带地区。主产地为土耳其。榛树规模化栽培历史较短，目前优选命名品种多以大果、丰产、抗寒为指标。榛果用于鲜食的比率仅占总量 20%，多数果实还是以加工为主，根据采后用途不同，选择品种要注意果实性状。如果实为椭圆形、色泽美观的品种适宜带壳销售，果壳薄的品种则适宜炒食销售，果实圆形的品种更适于加工成榛仁销售或用于油料、食品加工等。温度是制约各类榛树品种生长的关键因素。平欧杂种榛可在我国北纬 32°~42° 的广大地区栽培，即年平均气温 3.5~15 ℃的地区均可栽培。榛树栽培区域可分为寒冷地区和温暖地区。寒冷地区指北部榛树栽植区，纬度范围为北纬 41°~47°，包括黑龙江、吉林、辽宁、内蒙古、河北、山西、甘肃、新疆等地，适宜栽培榛树主栽品种有达维、玉坠、辽榛 3 号、辽榛 7 号、平欧 15 号、平欧 21 号、平欧 210 号等。温暖地区指中部榛子栽植区，纬度范围为北纬 31°~41°，包括山东、河南、江苏北部、安徽北部等地，适宜栽植品种为辽榛 4 号、平欧 33 号、平欧 48 号、平欧 69 号、平欧 237 号等。平榛的园艺化栽培为野生资源垦复，主要分布在黑龙江、吉林、辽宁、内蒙古、河北、山西、陕西等地，但尤属东北大兴安岭、小兴安岭的榛子资源蕴藏量大，品质好。欧洲榛子是亚热带树种，耐热不抗寒，适宜年平均气温为 12~15 ℃，冬季最低气温不低于 –5 ℃，夏天最高气温不宜超过 38 ℃，适于在我国北纬 36° 以南的黄河—长江流域一带地区栽培。

二、榛子的种类有哪些？

图 1-1　平榛结果状

我国榛子的研究始于 20 世纪 60 年代初。最初，研究集中在野生榛种类、类型、形态、生态的调查及种质选优上。鉴于野生平榛存在果个小、果壳厚、出仁率低、产量不高等缺点，20 世纪 70 年代，辽宁省经济林研究所在大连开展了欧洲榛引种及选种、平榛（图 1-1）选优研究。但由于引进的欧洲榛不能适应我国东北寒冷的气候条件，辽宁省经济林研究所于1980年开展了平榛与欧洲榛的种间杂交育种研究，1996—1999年陆续选育出平欧种间杂交优系。1999年第一批平欧杂种榛品系被鉴定，其具有大果、丰产、抗寒性强、果仁质量好等特性。这为我国榛树生产从野生走向栽培提供了优良品种资源。经过近20年的试验研究，目前选育优良平欧杂种榛品种（图1-2）14个，分别为达维、玉坠、薄壳红、平顶黄、金铃、辽榛1号—辽榛9号；优良品系多个，如B-11，B-21，平欧28等。按照品种适应性、产量、品质等性状进行综合排名，排在前五位的分别为达维、玉坠、辽榛3号、辽榛7号、B-21，各品种因其突出性状表现而被大面积种植（图1-3）。欧洲榛优良品种来自国外优良品种驯化，目前栽培表现较好的有连丰、意丰、泰丰等品种。

图1-2 平欧杂种榛丰产状

图1-3 平欧杂种榛果实

三、常见榛子主栽品种有哪些？

榛树优良品种应具备果大、壳薄、耐寒、耐瘠薄等特性，下面介绍几种目前推广较好的优良品种。其他品种及品系介绍见附录1。

1. 达维（育种代号84-254）

该品种树势强壮，树姿半开张，树冠较大，雄花序少。果实呈椭圆形，平均单果重2.5~2.7 g（图1-4），果壳红褐色（图1-5），果壳厚度为1.2~1.4 mm，果仁光洁，饱满，风味佳，出仁率42%~44%。在辽宁，果实8月中旬成熟。丰产，一序多果，平均每序结实3粒（图1-6），达维5年生树单株平均产榛子2.0 kg。8年生树平均单株产量2.5~3.5 kg（图1-7）。达维抗寒性极强，休眠期可耐 –35 ℃低温，在冬季有雪覆盖条件下，可在黑龙江桦南县南部（46°N）正常越冬结实。达维易感染白粉病，果实颜色偏暗是其不足。该品种适宜在年平均气温4 ℃以上地区栽培。目前是全国主要栽培品种，其栽培量占60%以上。

图 1-4　达维结果状

图 1-5　达维丰果状

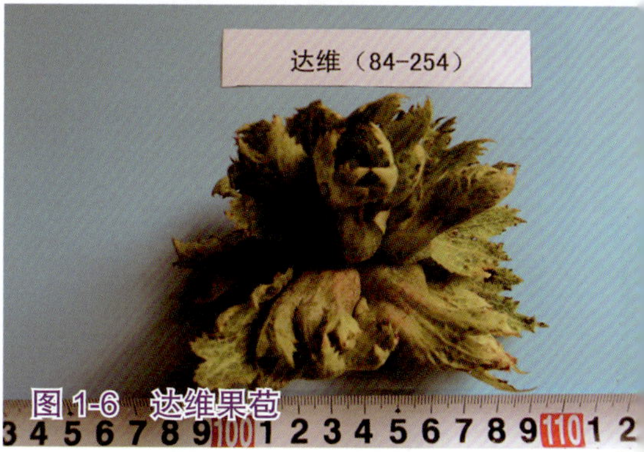

图 1-6　达维果苞

图 1-7　达维果去除果苞

图 1-8　玉坠结果状

2. 玉坠（育种代号 84-310）

该品种树势强壮，树姿直立，树冠较大，果实椭圆形，暗红色，平均单果重 2.1 g，果壳厚度 1.0 mm，出仁率 48%~50%，果仁光洁，饱满。盛果期单株产量 1.7~3.8 kg（图 1-8 至图 1-10）。玉坠在沈阳 3 月下旬开花，8 月下旬果实成熟。该品种抗寒，越冬性强，休眠期可耐 –35 ℃低温，适宜在年平均气温 4 ℃以上地区栽培。玉坠果实较小，但果仁风味较佳。目前，此品种是达维品种的主要授粉树。

图 1-9　玉坠果苞

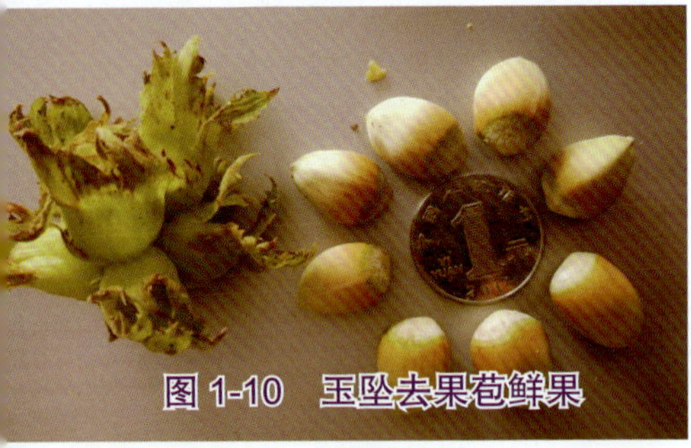

图 1-10　玉坠去果苞鲜果

3. 辽榛 3 号（育种代号 84-226）

辽榛 3 号树势强壮，树姿直立，果实长椭圆形，黄褐色，平均单果重 3.0 g，果壳厚度为 1.4 mm，出仁率高达 47%，果仁光洁，较丰产。盛果期株产 2.9~3.9 kg（图 1-11 至图 1-13）。该品种抗寒性强，冬季可耐 –35 ℃低温。有积雪覆盖条件下，在年平均气温 4 ℃以上地区均可栽培。目前辽榛 3 号栽培量较少，在寒冷地区易抽条，果实脱苞困难，可作为达维授粉品种。

图 1-11　辽榛 3 号结果状

4. 辽榛 7 号（育种代号 82-11）

辽榛 7 号树势中庸，树姿开张，果实呈圆锥形，红褐色，美观。平均单果重 2.8 g（图 1-14、图 1-15），果壳厚中等，出仁率达 41%；果仁饱满，光洁，果仁皮易脱落，风味佳。该品种早果性、丰产性均强，定植后 2~3 年结果，黑龙江桦南县南部地区 10 年生树最高单株产 4 kg。抗寒性强，冬季耐 –35 ℃低温，可在年平均气温 4 ℃以上地区栽培。该品种花粉与达维亲和性较

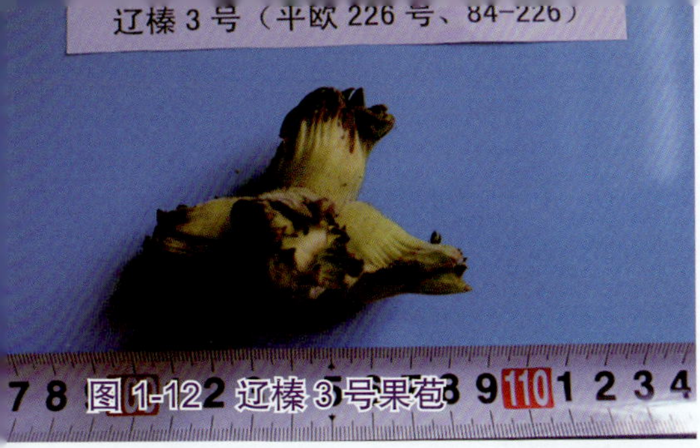

图 1-12 辽榛 3 号果苞

图 1-13 辽榛 3 号去果苞鲜果

图 1-14 辽榛 7 号坐果

好，可以作为达维授粉树。

5. 平欧 21 号（育种代号 B-21）

该品种树冠大，树姿半开张，冬季叶宿存，果实呈长圆形，红褐色，单果平均重 3.1 g（图 1-16、图 1-17），果仁饱满，光洁，风味佳，出仁率 44%。平欧 21 号果实 8 月下旬成熟，丰产，前期产量低，盛果期株产 3~4 kg。抗寒，冬季可耐 –35 ℃低温，可在年平均气温 4 ℃以上地区栽培。该品种抗除草剂。

图 1-15 辽榛 7 号果实

6. 平欧 15 号（育种代号 82-15）

平欧 15 号果实长圆形，红褐色。中型果，平均单果重 2 g，果仁重 1 g，果壳薄，约 1 mm，出仁率 48%~50%，果仁光洁，非常饱满，果仁无空心，风味极香（图 1-18）。

图 1-16　B-21 结果状

图 1-17　去除果苞的 B-21 果实

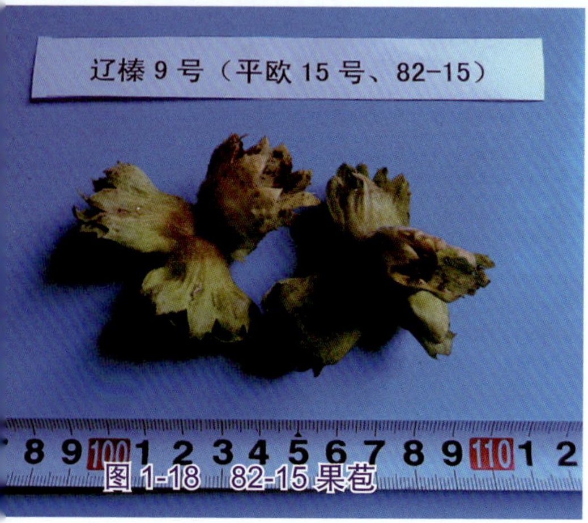

图 1-18　82-15 果苞

图 1-19　去除果苞的 82-15 果实

该品种树势强壮，树姿半开张，在辽宁沈阳 6 年生树高 2.6 m，冠幅直径 1.2~1.4 m。丰产，一序多果，定植后 2~3 年开始结果，在辽宁沈阳 7 年生树单株产量约 1.4 kg。

该品种抗寒，越冬性强，休眠期可耐 −38 ℃低温，可以在年平均气温 3 ℃以上地区栽培。该品种特点是可自花授粉，果实虽然小，但果仁不小，果仁平均重 1 g，产量稍低，但风味极佳(图 1-19)。丰产、抗寒，为优良品种之一。

四、常见的榛树授粉品种有哪些?

榛树是雌雄同株异花植物，有些品种如达维、平欧 15 号有一定自交结实能力，但榛子多数品种需要异花授粉，建园时要配备授粉树。目前榛园授粉品种占

20%~30%，授粉树配备比例比其他果树大。榛树雄花序结构特殊，在北方寒冷地区，春季出现许多僵花序，不开放现象；在中部栽培区会出现当年秋季大部分脱落，少量开放等现象，导致榛树主栽品种无粉可授，严重影响园区榛子产量，因此授粉树筛选是目前影响榛产业发展的瓶颈问题。

经过科研人员多年试验调查，筛选了一批适用于不同地区的授粉品种。

1. 适用寒冷地区的榛树授粉品种

寒冷地区指榛树北部栽植区，纬度范围为北纬 41°~47°，包括黑龙江、吉林、辽宁、内蒙古、河北、山西、甘肃、新疆等地。经调查发现，平欧 127 号（育种代号 85-127）、辽榛 6 号（育种代号 80-13）、平欧 15 号（育种代号 82-15）、平欧 11 号（育种代号 B11）等品种在寒冷地区春季雄花序可正常开放，花粉量较大，可满足寒冷区榛园授粉要求。以下列举 4 个授粉品种，供选择。

(1) 平欧 127（育种代号 85–127）

平欧 127 树势强壮，树姿直立，雄花序少，但花粉量较大。叶宿存，树冠大。坚果圆形，棕色，具条纹。平均单果重 2.0 g，果壳厚度为 0.93 mm，果仁光洁、饱满。该品种丰产性好，前期产量较低，抗寒性强，休眠期可耐 –33 ℃低温，可在年平均气温 7.0 ℃地区栽培。

(2) 辽榛 6 号（育种代号 80–13）

辽榛 6 号树势强壮，树姿直立不开张，树冠中大，果苞短。平均单果重 2.3 g，果壳厚度为 1.2 mm，果实圆形，红褐色。果仁光洁，出仁率 44%，一序多果，平均每序结果 2.6 粒。盛果期亩产量达 180 kg 以上。该品种早熟，休眠期可抗 –35 ℃低温。

(3) 平欧 11 号（育种代号 B–11）

平欧 11 号树势强，树姿半开张，直立，成树株高 3.5 m，坚果圆形，黄褐色，坚果中大，单果重 2.2 g，果壳厚度为 1.2~1.4 mm，果仁饱满，光洁，风味佳，出仁率 43.5%。坚果成熟期（沈阳）8 月下旬。丰产性差。盛果期株产 2.7 kg，结实较多，肥料不足时，果仁不饱满，需加强肥培管理。该品种抗寒，冬季抗 –33 ℃低温，在沈阳露地越冬正常。

2. 适于温暖地区的榛树授粉品种

温暖地区指榛树中部栽植区，纬度范围为北纬 31°~41°，包括山东、河南、江苏北部、安徽北部等地。近几年田间生产调查发现，辽榛 2 号（育种代号 84-524）、平欧 237、平欧 545、辽榛 4 号等在温暖地区春季正常开花，不会出现脱落、早开现象。

(1)**辽榛 2 号(育种代号 84-524)**

辽榛 2 号树势较弱，树姿开张，枝量多。6 年生树高 2.0 m，树冠较小，坚果矮圆形，棕红色，平均单果重 2.6 g，果壳厚度为 1.1 mm，果仁饱满，光洁，出仁率为 43%。该品种早产性、丰产性强，2 年生树开始结果，5~7 年生树平均单株产量 2.0 kg，亩产 400 kg 以上，越冬性较强，适宜在年平均气温 10 ℃以上地区栽培。可作为南部栽培主要授粉品种。

(2)**平欧 237 号(育种代号 84-237)**

平欧 237 号树姿半开张，树冠中等大，坚果近圆形，红褐色，美观，平均单果重 2.3 g，果壳极薄，出仁率 47%，果仁光洁，饱满，香甜，树势中庸。该品种结果早，早期丰产性强，在沈阳 3 月下旬开花；果实成熟期 8 月中旬，较耐寒，休眠期可耐 -30 ℃低温，适宜在年平均气温 8 ℃以上栽培，在河南南阳为达维授粉效果好。

(3)**平欧 545 号(育种代号 84-545)**

平欧 545 号树势中庸，树姿开张。坚果椭圆形，黄褐色，美观。平均单果重 2.6 g，果壳薄，极易开裂。果仁光洁、饱满，风味佳。该品种盛果期亩产量在 250 kg 以上。休眠期可耐 -30 ℃低温。

(4)**辽榛 4 号(育种代号 85-41)**

辽榛 4 号树势强壮，树姿半开张，雄花序少，树冠较大。果实圆形，金黄色，平均单果重 2.5 g，果壳极薄，厚度为 0.95 mm，出仁率 46%，果仁粗，但果仁无空心，果仁均重 1.15 g。该品种出仁率高是其突出特点，休眠期可耐 -30 ℃低温，适宜在年平均气温 8 ℃以上地区作为主栽品种。

第二章

Chapter 2

榛生产园管理技术

一、榛树对环境条件有哪些要求？

1. 温度

平欧杂种榛不同品种抗寒性不同，分为 3 类：抗寒品种适宜沈阳以北栽培，年平均气温 8 ℃以下，冬季极端低温 –30 ℃以下；抗寒中等品种适宜年平均气温 8~12 ℃，冬季极端低温 –29~–18 ℃的地区栽培；不耐寒品种，但耐热能力强，适合年平均气温 12~15 ℃，冬季极端低温在 –10 ℃的地区栽培。

欧洲榛属于亚热带树种，喜温暖湿润的气候，特别是在冬季，要求气温在 –5 ℃以上才能安全越冬，适宜年平均气温 13~15 ℃的条件。极端最高气温 38 ℃，夏季气候凉爽干燥，冬季和春季在 0 ℃以上并且空气湿润的地中海式气候，更有利于欧洲榛的生长和结实。

榛树的开花常受气温影响。在天气晴朗、气温高、风力不大时，雄花很快开放，有利于雄花散粉和雌花受粉。如遇高温大风天气，雄花往往过早散粉，形成雌雄异熟现象，不利于雄花授粉。榛树是开花早的树木，雌花最易受晚霜危害。如果开花期遇低温，则花期延长；如果气温低于 0 ℃，则雌花受冻。

2. 水分和湿度

榛树叶片宽大，蒸发面积大，因此榛树喜湿润的气候。榛树的雄花序是裸露的，叶芽和花芽的鳞片少而松散。因此，它要求在休眠期（冬、春季节）的空气湿度较高，一般平欧杂种榛在休眠期要求空气相对湿度达到 60% 以上。

榛树生长地域年降水量 600~800 mm 可满足生长发育的要求，最适宜年降水量为 700~1 000 mm。我国北方春季干旱，因此年降水量 500 mm 以下的地区栽培时需有灌水条件。北方冬季降雪有利于榛树越冬。

土壤湿润有利于榛树的生长发育，干旱的土壤使榛树生长发育不良。同样，土壤过多积水会使榛树根系呼吸受阻，树势衰弱，严重积水使榛树死亡。

3. 光照

榛树为喜光植物，充足的光照能促进其生长发育和结实。在枝叶郁闭、光照不足的榛园，树冠下部枝条易生长细弱，叶片小而薄，光合能力弱，难以形成花芽开花结果，从而使结果部位上移，减少了树冠结实部位，单位面积产量下降。因此，榛园需要充足的光照，一般年日照数在 2 000 h 以上可满足榛树对光照的要求，有利于生产优质果实。

4. 土壤

榛树对土壤的适应性强，在沙壤土、壤土、黏质土及轻盐碱土上均能生长。最佳栽培榛园要求肥沃、湿润的沙壤土，特别是腐殖质含量高的土壤更适宜榛树的生长和结实。土层深厚、土壤肥沃、排水良好是榛树丰产必不可少的条件。榛树根系呼吸强度高，要求土壤的透气性良好，因此在沙质壤土上生长发育更好。轻黏土、壤土、沙壤土、轻沙土也可栽植榛树。重黏土、沙土（腐殖质含量很低）及涝洼地、沼泽地、重盐碱土均不宜栽培榛树。其对土壤的酸碱度要求为 pH 5.5~8。

二、选择榛园园址时要考虑哪些因素？

新建榛园均应向园艺化、商业化的目标发展。高投入，高产出，快见产量，降低成本，多出效益应该是现代商业化榛园的发展方向。榛园园地选择是影响果园经济效益的重要因素。

1. 地势

榛树栽培以平地最好（图 2-1）。平地土层深厚肥沃，榛树生长发育快，可早结果，早丰产，也便于管理和机械化作业，可降低管理成本。缓坡地土层较深厚，光照充足，有利于排水，也是较理想的建园条件。在丘陵地建园，应在坡地的坡麓地带（图 2-2），此地土层深厚。榛子喜光，在坡度 15° 以下的任何坡向均可栽培（图 2-3、图 2-4）。辽宁农业职业技术学院榛园为辽宁省机械化程度较高的幼树示范园（视频 1），丰产性极好。大连福隆榛园为栽培管理得非常精细成龄果园（视频 2）。

视频 1
榛子幼树栽培
标准示范园

视频 2
榛子成龄果园
栽培标准示范园

图 2-1 平地榛园

图 2-2　带状垦复平榛园

图 2-3　山地千亩榛园

图 2-4　山东华山农林科技有限公司万亩山地榛园

2. 土壤

排水良好的沙壤土最适宜榛树生长,因为沙壤土透气性好,有机质易分解。壤土和轻黏壤土也是榛树栽培较好的土壤。土层深厚、肥沃,有利于榛树的生长发育。土层厚度应在 40 cm 以上,土层不足 40 cm 时应局部改良土壤。土壤黏重,低洼易涝,盐碱度大,则不宜直接建园,应对其改造为台田栽培。

3. 水源

榛树喜湿润的环境条件,北方气候春季干旱,建园初期的水分供应是不可缺少的条件,靠近江河、湖泊、水库以及有地下水源均可建园。

三、对不良土壤应如何进行改良?

1. 山地果园土壤改良

在山区、丘陵建园,果园地势不平、土层薄,土壤沙石多、质地较粗,保肥蓄水能力差,水土流失较重。山地土壤改良的中心工作是结合水土保持做好深翻熟化,防止水土流失,向下扩大根系集中分布层,增大土层厚度,提高土壤肥力。深翻熟化下层土壤是诱使根系向下扩展的主要措施,可在挖树穴、修梯田和挖鱼鳞坑时进行。深翻时,如能结合施入一定数量的有机肥料,则会显著地改善土壤理化性状,提高土壤肥力。

2. 盐碱地土壤改良

多数果树适宜中性到微酸性土壤,土壤中盐类含量不能超过 0.3%,在盐碱地栽植果树必须进行土壤改良,措施如下:

(1) 设置排灌系统

改良盐碱地主要措施之一是引淡淋盐。在果园顺行间隔 20~40 m 挖一道排水沟,一般沟深 1 m,上宽 1.5 m,底宽 0.5~1.0 m。排水沟与较大较深的排水支渠及排水干渠相连,使盐碱能排出园外。园内则定期引淡水进行灌溉,达到灌水洗盐的目的。当达到要求含盐量(0.1% 以下)以后,应注意生长期灌水压碱,并进行中耕、覆盖、排水,防止盐碱上升。

(2) 深耕施有机肥

有机肥肥料除含果树所需要的营养物质外,还含有机酸,对碱能起中和作用。有机质可改良土壤理化性状，促进团粒结构的形成，提高土壤肥力，减少蒸发，防止返碱。有机肥还可缓冲盐害。

其他措施还有地面覆膜、营造防护林和种植绿肥作物、中耕除草等。

3. 沙荒及荒漠土改良

最典型的为黄河故道地区的沙漠地，其组成物质主要是沙粒，沙粒的主要成分为石英，矿物质养分稀少，有机质极其缺乏。其特点为导热快，夏季比其他土壤温度高，冬季又比其他土壤冻结厚；地下水位高，易引起涝害。因此，改土措施着重改良下层土壤的沙性，提高保水肥力，可均匀地掺加黏土及有机肥；开排水沟，降低地下水位；深翻熟化，打破淤泥层，并增施有机肥或种植绿肥；再就是营造防护林，减轻风蚀；也可试用天然土壤结构改良剂，如魔芋粉等增加土壤稳定性。

4. 黏重土壤的改良

在我国长江以南的丘陵果园多为红土壤，土质极其黏重，容易板结，有机质含量少，且严重酸性化。改良的技术措施是掺沙客土，或者在土壤深翻的基础上增施较粗的有机物（如细碎树枝之类），以使下层土壤有更多的孔隙，改善其透气性，同时增施有机肥和广种绿肥，提高土壤肥力和调节酸碱度。黏土改良尽量避免施用酸性肥料，而应多施磷肥和石灰，施用量为 750~1 050 kg/hm^2；还应采用免耕、少耕或生草方法等进行土壤管理。

四、如何进行榛子园地的规划？

1. 榛园小区的划分

小区是榛园的基本生产单位，是为方便生产管理而设置的。划分榛园小区，将直接影响榛园的经济效益和生产成本，是榛园土地规划的一项重要内容。

榛园小区的划分需考虑：

第一，同一小区内气候和土壤条件应当基本一致，以保证同一小区内作业管理措施、内容和效果的一致性。

第二，在山地和丘陵地，必须考虑榛园水土流失的问题，做好有利于水土保持的设计。

第三，有利于防止榛园的风害。

第四，有利于榛园的运输和机械化管理。

第五，每个小区的面积不宜过大，一般以 1~2 hm^2 为宜。小区形状以长方形最佳。要以自然沟渠为界来划分小区，以利于田间管理和水土保持。小区常以道路分开。

小区面积应因地制宜，大小适当。面积过大，管理不便；面积过小，不利于机械化作业，还会增加非生产用地面积的比例。

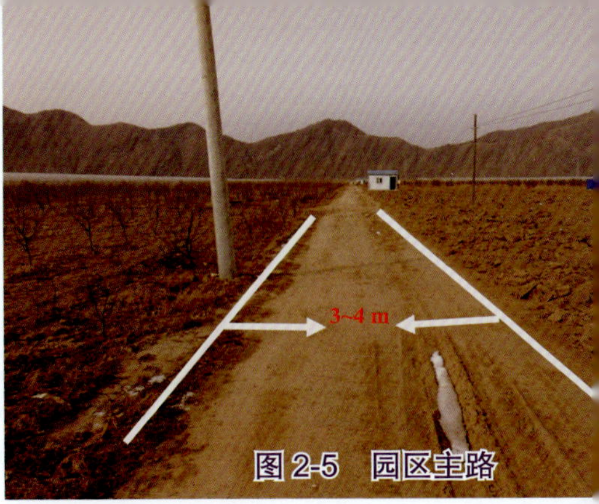

图 2-5　园区主路

2. 道路的设置

榛园的道路系统由主路（干路）、支路和小路（作业道）组成。一般主路宽 5~6 m，是园内的主要道路，外与公路相通（图 2-5），内与支路相连（图 2-6），将榛园分成几个大区。支路宽 3~4 m，若园区是中型果园，为节省土地面积，也可将主路设宽 3~4 m，把园内大区分成若干个小区（图 2-7）。小区内设作业道，每 50~60 m 设一条作业道，作业道宽 1~2 m。

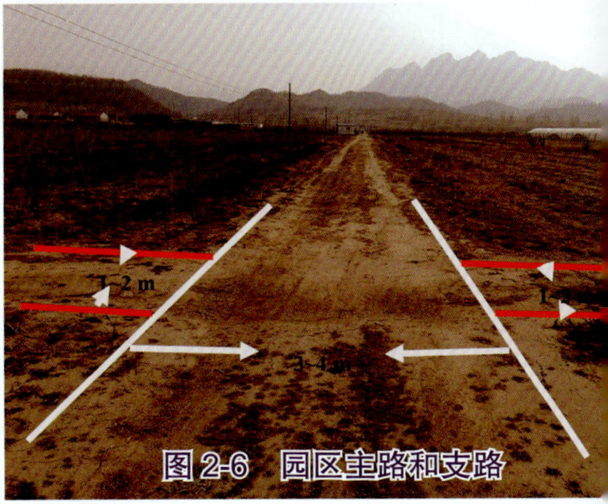

图 2-6　园区主路和支路

3. 排灌系统设置

应充分利用当地水源，如河流、小溪、地下水，引水入园。

现代榛园的灌水系统，应是节水型的，主要分 3 个系统：管道灌溉系统，用输水管道把水输送到榛园里，实施树盘灌溉或沟灌；喷灌系统（图 2-8），增加园内空气湿度，改善局部环境；滴灌系统，节约水量，保持土壤湿润，但设施成本提高。

灌溉渠道的走向应与榛园小区的短边一致。而输水的支渠则与榛园小区的长边一致。山地榛园的渠道与平地不同，它可以结合水土保持系统沿等高线按一定比降挖成明沟，可排灌兼用（图 2-9、图 2-10）。

4. 防风林的设置

为防止风害和改善园内小气候条件，榛园需要设置防风林。在规划设置时，要根据当地的地势，主风方向和林带防风的有效距离（一般为树高的 20~30 倍）来设计林带的走向、带间距离、林网的形式及适宜树种。山地榛园的防护林可设

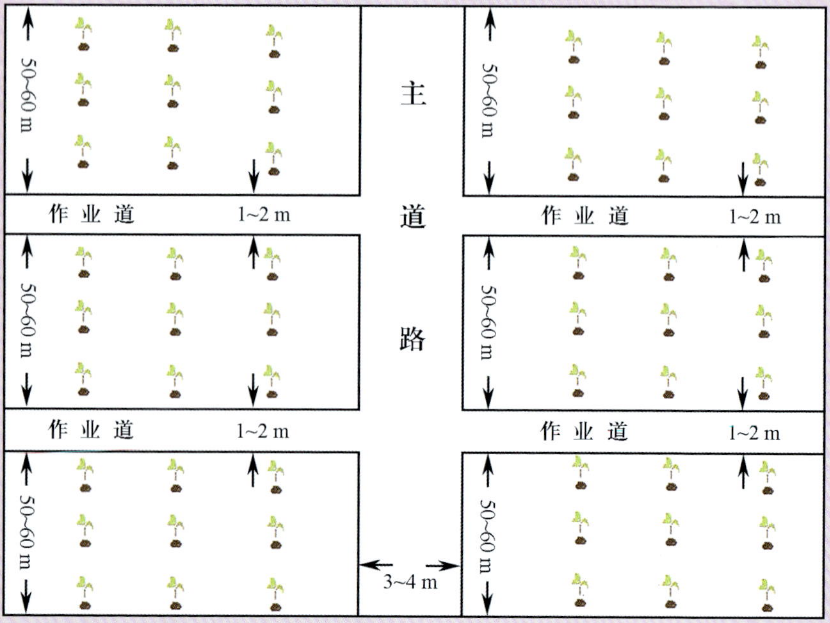

图 2-7　中型果园园区道路

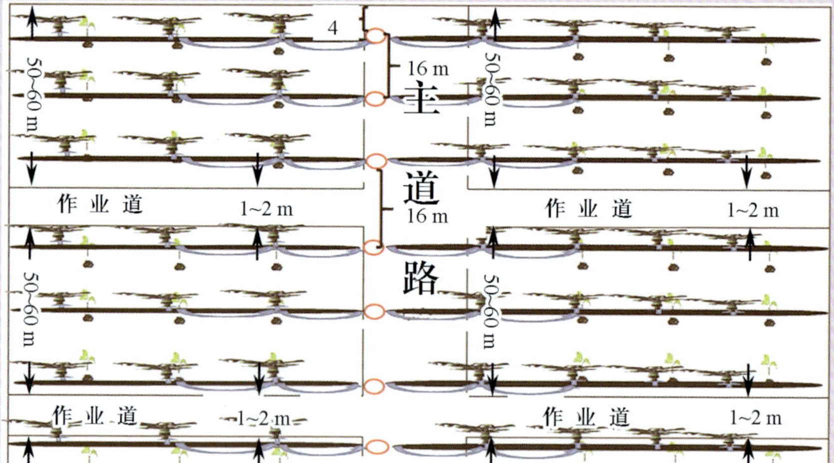

图 2-8　园区喷灌设计图

（○代表干道出水口，——代表支管，——代表喷灌）

置在园地的四周、沟谷两旁或分水岭上，主林带一般 5~8 行，与当地主风方向垂直，副林带 2~4 行，与主林带垂直配置。

5. 其他设施

应根据榛园园地大小及榛子产量情况，设置堆果场兼选果场、包装场，该场地要求平整干净，便于堆放带苞的榛子果实以及实现脱苞、晾晒和除杂物等功能。堆果场应与园地建筑物（图 2-11 至图 2-14）（如工具间、仓库等）设置在一起。

图 2-9 水泵房

图 2-10 蓄水池

图 2-11 机器仓库

图 2-12 库内各类机器

图 2-13 工具及材料库

图 2-14 园区中临时仓库

五、榛树定植前的准备工作有哪些?

栽植园要在总的规划设计基础上单独设计，画出各小区的计划栽植图，计划栽植图上应包括下列内容：栽植的位置、栽植株行距、栽植品种及授粉树的株数。设计栽植图时，要注意园地四周定植株与道路和排灌渠道及防风林的距离，尤其是在计划采用机械化作业的榛园，必须预留出足够的机械行动空间。

1. 栽植密度与方式

决定榛树栽植密度的因素很多，其主要包括栽培品种、栽培方式、采用的树形、作业方式、地势、土壤、气候条件等。总体上，土壤肥沃、地势平坦且采用机械化作业的园地栽植株行距应大些，坡度较大，土壤瘠薄和难以采用机械化作业的山地榛园栽植行距可小些；长势旺盛、树冠开张的品种栽植株行距应大些，长势弱、树冠直立紧凑的品种则栽植株行距小些。

根据栽培目的不同，栽培密度也有差异。为达到早期丰产的目的，可以采用早期密植。生产上通常采用单干型栽植或在土壤瘠薄地块种植，可采用栽植株行距为 2 m×3 m，每亩可栽植 111 株；若采用丛状型树形或在土壤条件较好地块栽植，则栽植株行距为 3 m×4 m，每亩可栽植 55 株。

栽培方式采用长方形，单行栽植。平地栽植行向应为南北行，有利于树体受光均匀，山地则沿等高线栽植。

2. 栽植前准备

(1) 平整土地

榛园园址选定以后，首先开垦园地，清理杂树、野草、石块等杂物，然后平整土地。对于差距较大或凹凸不平的园地，用推土机机械平整，然后对全园进行深翻（图 2-15），深度大约 30 cm，整地深翻时，可以结合施基肥提高榛园土壤肥力。在排水不良的平地建园应在园地深翻后，修成矮台田，高 20~25 cm，行间修排水沟。坡面不整齐的地势，要以定植点为中心，由上部取土培在下方，修成半月形的鱼鳞坑，作用是拦截雨水和上部冲刷下来的土壤及有机质。平整土地工作一般在栽植上一年秋季完成。

(2) 打点、挖定植沟或穴

定植前需要对果园进行区划，通过调查，勘测后在图纸上规划出各小区位置、面积、道路、排灌等，然后根据各小区定植图的位置和株行距确定定植点。在打定植点的时候，必须注意到纵向和横向的方位是否正确（图 2-16）。

图 2-15　整理土地

图 2-16　拉线定点

图 2-17　挖定植穴

图 2-18　挖好全园定植穴后定植

全园的定植点确定好以后，开始挖定植穴(图 2-17)。若株距较近，也可结合深翻挖条沟。定植穴的挖掘以定植前一年秋季挖好为宜，若来不及则于定植当年春季化冻后尽早开始挖定植穴，回填后灌水。挖穴时要以定植点为中心，定植穴直径为 60~80 cm，深为 60~70 cm(图 2-18)，如果是平地就不用提前挖定植穴，可直接定植。株距小也可以沿行挖此规格的沟。挖穴时表土、熟土放在一侧，底部生土放在另一侧。回填时将底土与粪混拌均匀，填入定植穴的下部，然后将表层熟土填入定植穴上部。如果底土黏重，石块较多，也可不用底土，而取行间表土直接与土粪混拌填入定植穴的下部，定植穴上部(地面向下 30 cm)只填表层熟土不放任何肥料。

六、怎样进行榛树定植?

榛树栽植时期一般是春季或秋季。对于春季干旱少雨，冬季雨雪充足的吉林或黑龙江部分地区，可采用秋季栽植，秋季栽植一般在果树落叶后，土壤结冻前进行；对于冬季雨雪少的地区，一般采用春季栽植，辽宁熊岳地区一般在清明前后，榛树未萌芽但已经萌动，栽植成活率较高。

苗木栽植前处理根系可有效提高其栽植成活率。第一，要对苗木根系进行修整，一般用剪留根系 10~15 cm，若苗木根数量较多，对根系过密处进行间隔疏除，修整后的根系恢复及生长效果极好。第二，栽植前需对其根部进行蘸泥浆，可有效提高根系含水量及保水能力。

七、榛树定植当年如何进行管理？

若栽植地无灌水条件，栽植前应检查定植穴的土壤湿度，湿度适宜可栽植，栽植后 3 d 内需要有降雨或灌水等措施为苗木补充水分。如果是有可立即灌水条件的榛园，土壤稍干也可栽植。在回填好的定植穴中进行栽植要注意深度，根系不能埋土过深或过浅，栽植后的根际处与地面齐平或略低于地面 5 cm。根际以上埋土深度 6~10 cm 为宜。按品种栽植计划将苗木放入定植穴内，使根系舒展，同时注意矫正位置，前后左右对直，然后填入湿土。当根系填土至一半时，将苗轻轻向上提，边填土边踏实，使根系与土壤紧密结合。然后将苗木的周围筑起树盘，其直径达 1 m，便于灌水和蓄水。定植后要立即浇水，并要求灌透（图 2-19、图 2-20）。水渗下后进行封土保墒，并进行地膜或地布（图 2-21）覆盖树盘，以达到保湿增温的效果，促进苗木根系的活动，提高成活率。

图 2-19　栽苗后树盘灌水

图 2-20　栽植后修畦埂灌水

图 2-21　铺设地布

1. 栽植后定干

栽植后立即定干，幼苗栽植后第一次剪截，在果树修剪上叫做定干，其剪留长度叫定干高度。定干指在苗木的中上部进行短截，剪除长度一般为苗高的30%左右（图 2-22）。在苗木栽植前分类的前提下，使同一栽植小区的树苗保持高度一致。剪除苗木高度 30% 的定干方法，可使苗木的饱满芽带全部保留下来，能使幼苗在栽植当年保持最大生长量，当年生枝条分枝角度好且生长势缓和，有利于提早结果。对于根系较差、失水较多的弱苗，应该采取低定干。低定干能提高苗木成活率。

2. 除萌蘖

榛树树干基部有较多隐芽，春季萌发后，基部会产生较多幼芽，一般将整形带 30 cm 以下的芽全部抹除（图 2-23 至图 2-25），集中营养，供应上部枝条生长。

图 2-22　栽后定干

图 2-23　30 cm 以下产生萌蘖

图 2-24　抹除萌蘖

图 2-25　抹除后主干

3. 新梢牙签开角

当新梢长到 20~30 cm 时(图 2-26),用两头带尖的粗壮牙签把新梢开角 70°~80°(图 2-27)。开角后,主干延长枝会长得粗壮,其他主枝新梢长势平缓,经过一年的生长季,主干和主枝的枝干比就能达到 1∶3 及以上。

图 2-26　开角前树体

图 2-27　开角后树体

第三章

Chapter 3

榛树的树形及整形修剪

一、榛树树体结构与枝条组成有哪些?

1. 与整形修剪有关的特性

(1) 榛树较其他果树不同的是能够充分利用树体营养结果,无需人为的营养转化过程。其他大部分果树树体营养生长过旺,生殖生长变弱,满树长枝不结果,需要人为的营养转化,采取成花措施。而榛树无需进行人为的营养转化,只要树体健壮,有枝就有花就能结果,几乎没有单纯的营养枝。榛树修剪主要就是复壮树势,使之连年结果。

(2) 壮枝、壮芽结果。榛树与其他果树不同的是花芽形成大部分都在长枝上,树势越健壮、长枝越多,花芽越多。因此,榛树修剪的目的就是要每年都能够培养出足够数量的长枝。

(3) 基部枝优势。自然生长的榛树易成灌木状,主要是基生枝、下部枝生长能力更强,易导致先端衰弱。因此,在榛树修剪上要注意抬高角度,注意疏枝方法,避免因疏枝造成的抑前促后。

(4) 榛树树液流动早。由于榛树树液流动期早,修剪时期应较其他果树适当提前。果树修剪最佳时期是在春季树液流动前结束。

(5) 榛树喜光性较强。由于榛树喜光性强,枝条密度过大易造成内膛枝枯死,结果部位外移。

(6) 榛树伤流严重。在修剪时要注意大的剪锯口数量不能太多。对应该疏除的大枝要有计划分年进行。

2. 修剪需要观察和掌握的项目

(1) 树的生长势

生长势强的树,可采取多缓放,少短截,重短截等缓和树势的修剪方法,生长势弱的树则需要采取少缓放,多短截,轻短截的修剪方法。

(2) 树冠体积

树冠体积的大小是产量形成的重要因素。榛子结果年龄较早,由于早期的产量限制了树冠体积的增加,对后期的产量影响较大。因此,榛树修剪前期扩大树冠是第一需要,在幼树期应当注意多短截延长枝迅速扩大树冠体积,为盛果期获得高产做准备。

(3) 雄花数量

榛树雄花数量多少差异较大,在修剪时应该注意观察,对于雄花较少的品种，在疏剪时，应该注意保留雄花；对于雄花形成量较大的品种，除正常修剪外，应当注意剪掉过多的雄花，因为雄花生长散粉的过程浪费营养较大。

(4) 单位体积内留枝密度

榛树是喜光性较强的树种，留枝密度大，易造成枝条枯死，成花差，结果部位外移，产量降低。合理的留枝密度不会产生枯死枝，当年生枝芽粗壮且饱满。一般多年生骨干枝，枝轴距离应保持在 40 cm 以上。

(5) 品种生长特点

品种生长势强弱决定其修剪方法、修剪强度及修剪量。对达维、84-226 等生长势强的品种，要采取缓和树势的剪法，即是轻短截，少疏枝，使长势缓和，提早结果；对 81-21、84-41 等生长势弱的品种，则要采取增强树势的剪法，对延长枝重短截，内膛弱小枝多疏枝，并抬高主枝角度，达到集中营养增强树势的目的。

3. 榛树修剪的几项指标

(1) 定干高度

在苗木分类的基础上，根据苗木高度而定，一般剪掉苗木高度的 30% 左右，根系好、苗木成熟度高的可适当定高些，反之应适当矮些。

(2) 短截数量

榛树的生长特性是靠壮枝、壮芽结果，修剪方法主要是短截(平榛的平茬，实际上就是短截)。幼树为了扩大树冠，短截数量适当大些。结果树短截数量适当小些。要短截徒长枝、强旺枝、超长枝。芽饱满、长短适中的健壮枝留作结果母枝。对全树一年生枝进行短截，结果树一般短截数量在总枝量的 30% 左右，幼树 30%~70%。单枝剪截程度为剪掉枝条的 30%~80%，根据枝条所在位置的空间大小、枝条用途决定单枝剪截程度，空间大的榛树可以轻、中短截，促进枝条发育，促生分枝，培养大型结果枝组；空间小的榛树加重短截，减小枝条的生长总量，留作结果母枝的，为了集中营养，可以轻短截，为了下一年结果，培养结果母枝，就应当对部分当年生枝条进行重短截，促发新的结果母枝。

(3) 疏枝量

对于过密的徒长枝、细弱枝要根据情况适当疏除。枝条过密影响通风透光，但疏除过多又容易打破地上与地下的平衡影响生长，造成产量下降。因此，要注意疏枝量，正常情况下，疏枝量不超过总枝量的 20% 为宜。全树的整体修剪量应控制在 30% 左右。

(4) 枝间距

枝间距是骨干枝枝轴之间的距离。通过修剪使骨干枝的枝间距保持在 40 cm 以上。枝间距低于 40 cm 的，对其过密或生长方向不适的骨干枝从基部疏除。

(5) 开张角度

树体角度开张，有利于扩大树冠，增加结果体积。但由于榛树基生枝优势强，角度过大，易造成前端生长势减弱，后部冒条，反而不利于树冠扩大。因此，榛树主枝开张角度，较其他果树应当适当小一些，一般以不超过 70° 为宜。

二、生产中榛树常用的树形有哪些？

1. 主干形

此树形定干高度 70 cm 左右，当年选择第 1 层主枝，保留干高 30 cm 左右，主干垂直向上。第 2 年，对选留的主枝进行轻短截，一般剪掉枝长的 1/3 左右，剪口下留饱满芽，便于扩冠生长，余下枝条缓放。第 3 年，对中心干及主侧枝的延长枝轻短截，其余枝条缓放不动。第 4 年以后的修剪，对外围枝轻打头，内膛过密枝进行疏除。

2. 丛状树形

生产上的丛状树形大部分是低干心形，很少是真正的丛状，定干高度 20 cm 左右，以促进基部枝萌发，修剪后当年发 2~3 个枝。第 1 年修剪，对所发枝条全部重短截，以促进更多的基生枝。第 2 年，选留 3~5 个不同方向的基生枝做主枝，并轻短截，其余枝条从基部疏除。第 3 年对各主枝，枝头轻短截，在主枝上选留侧枝时，进行轻短截。经过 3 年的修剪，形成心形树冠，丛状树形。此树形适合于冬季寒冷干旱、少雪、温度低、昼夜温差大、易发生日灼危害及小动物伤害的地区。

三、榛树整形修剪的原则有哪些？

在榛树修剪中，结合修剪反应规律，正确运用短截、疏枝，缓放、回缩基本修剪方法，以获得理想的树势。对于衰弱树，采取增势修剪，促进树体和局部的生长，即利用短截、回缩等方法，如在枝条饱满芽处，采取轻中度短截，利用壮枝、壮芽带头，少缓放、少疏枝；对于强旺树，采取减势修剪，削弱整体和局部的生长，即利用多疏枝、重短截的方法，去大留小，去强留弱，削弱树的长势。掌握了不同的修剪方法，根据树的长势，生长发育情况，采取相应措施。同时，还要结合榛树品种特性、土壤、肥水、气候等条件，根据具体情况灵活运用，才能达到丰产效果。

四、榛树如何进行整形？

1. 低干多主半圆形（单干型）

(1) 树体结构。干高 20~40 cm，树高 2.0~3.0 m，树冠直径 3 m 左右，主枝开张角度 60° 左右，主枝数量 5~10 个，主枝错落均匀排列在中心干上，主枝枝间距在 40 cm 以上，中心干上的主枝不要轮生，枝头上的延长枝不双生（图 3-1、图 3-2）。

(2) 整形过程

①定干。单干型定干高度 60~70 cm。

②第 2 年的修剪。选留中心干，要选留生长健壮的枝条，一般是剪口下的第一个枝做中心干。在饱满芽处进行短截。如剪口下第二个枝条生长强旺，出现了竞争枝时，可用它代替中心干延长枝头或者对其重短截以消除竞争枝。对于生长强的品种，可采取转主换头方式，即重短截第一枝条，用第二个枝条作延长头。

选留主枝。在生长当年对生长角度、方位合适的枝条可选留作为主枝。对留作主枝的进行短截，一般剪掉枝长的 30% 左右，对角度方位不好的强旺枝进行重短截一般剪掉枝长的 80% 左右，其余弱小枝缓放不动，距地面 20 cm 以下的枝条及基部萌蘖枝全部清除（图 3-3，图 3-4）。

图 3-1 低干多主半圆形（单干型）

图 3-2 单干型树

图 3-3　第 2 年冬季修剪前

图 3-4　去除基部枝条，并轻打头

③第 3 年的修剪。先在中心干顶部的分枝中选较直立健壮的作为中心干的延长枝,在饱满芽处短截。继续选留主枝并对其在饱满芽处短截。其余枝条:对强旺的重短截,偏弱的轻短截,生长缓慢和健壮的枝条缓放不动,留作结果母枝。第 3 年修剪中心干及主枝延长枝以外的枝条,短截总量应该在 50%~60% 范围内(图 3-5,图 3-6)。

④第 4 年至第 6 年的修剪。基本上可以完成整形任务,进入初果期,从以整形为主、边整形边结果逐步转为以结果为主、继续调整树形。但这时还没有最后完成整形任务,树冠还不够圆满。第 4 年主枝基本选留完毕,第 5 年、第 6 年只作局部调整,继续扩大树冠。在修剪上要求继续对中心干、主枝延长枝进行短截,并对过密枝进行疏除(图 3-7)。

⑤第 7 年以后的修剪。经过几年的修剪,6 年生树已形成了低干多主枝半圆形树冠。树体大小、枝芽总量已基本达到丰产树的要求,已开始进入盛果期。此时的修剪要求就是调整树势稳健,保证有充足的结果母枝,使之连年丰产稳产。

⑥盛果期树的修剪。这一时期主要是控制树势平衡。对强旺的主枝采取少短截、重短截、多疏枝的修剪方法(图 3-8),以缓和生长势。减少短截数量,保留的结果母枝相对增多,用产量可以减缓主枝的生长势;加重短截程度,能够使枝的总量减少,结果枝的体积减小;多疏枝、少短截能更好地缓和树势。

图 3-5　第 3 年冬季修剪前

图 3-6　以各类短截手法为主(修剪后)

图 3-7　4~6 年生树体调整,以疏为主

图 3-8　盛果期修剪的榛树

保证树势健壮。榛树和其他果树不同,需要健壮的长枝结果。枝条成花量和枝条长度成正比,枝条越长成花量越大。最经济的枝长是 40~80 cm。因此,在修剪上通过适度短截,促成生长一定数量的长枝,可有效地提高榛子的产量(图 3-9、图 3-10)。

2. 丛状树形

丛状树形在幼树期产量较高,但是进入盛果期以后,由于基部多主枝整形,内部生长空间不够,易造成内部枝条枯死,结果部位外移,产量下降。因此,丛状形整枝在生产上很少应用。但是在一些地区栽植的小苗、山地土质瘠薄生长发育差的、基部枝萌生过多的,为了提早结果,采取丛状整形(图 3-11);在高寒地区为了防止日灼病、小动物啃咬树干也采取丛状树形。

丛状树形树体结构:通常保留均匀向四周伸展的 3~5 个基部枝作主枝(后期多是萌蘖枝)(图 3-12)。主枝上有侧枝,侧枝上着生结果枝组,树高 2~2.5 m,树体呈丛状球形。整形步骤如下:第 1 年,选 3~5 个基部枝做主枝,进行短截,其余枝疏除;第 2~3 年,对已选留的主枝及侧生枝进行轻短截;第 4 年即形成丛状形树冠。注意及时除去萌蘖枝。

图 3-9　结合采用中重短截

图 3-10　修剪后的榛树

图 3-11　丛状树形(更新后)

图 3-12　丛状树形 4 个骨干枝

第四章
Chapter 4

榛树常见病虫害的识别与防治

一、榛树常见的病害有哪些？如何进行防治？

1. 煤污病

煤污病是由复生暗色真菌生长于植物表面而产生的，榛树煤污病因蚜虫刺吸为害后引起的次生病害(图 4-1、图 4-2)。煤污病病菌以菌丝体、分生孢子、子囊孢子等形态在病部及病落叶上越冬，翌年孢子由风雨、昆虫等传播。蚜虫、介壳虫等昆虫的分泌物及排泄物上遗留在植物上。煤污病影响光合作用，高温多湿、通风不良、蚜虫、介壳虫等分泌蜜露害虫发生多，均加重发病。因此，煤污病的防治时期应在春季和蚜虫发生季节，在早春，榛树休眠期喷 3~5 波美度的石硫合剂，消灭越冬病原，石硫合剂喷施最适时间为花前 15 d，接下来榛树用药与石硫合剂间隔期为 20 d，否则容易产生药害。其次该病发生与分泌蜜露的昆虫关系密切，喷药防治蚜虫、介壳虫等是减少发病的主要措施。适期喷施 1.8% 阿维菌素(虫螨克)3 000~5 000 倍液、10% 吡虫啉可湿粉 2 000 倍液防治，防治介壳虫还可用 10~20 倍松脂合剂、石油乳剂，杀扑磷等。

2. 白粉病

分布于全国各地，为害平榛、平欧杂种榛、毛榛等，以平榛受害最重。白粉病主要为害叶片，也可侵染嫩梢、幼芽和果苞(图 4-3、图 4-4)。叶片发病初期，叶面上、下先出现不明显的黄斑，不久黄斑处长出白粉，以后许多连成片。病斑背面褪绿，致使叶片变黄，扭曲变形，枯焦，早期落叶，嫩芽受严重危害时则不能展叶；枝梢受害时，病斑处也生出白粉，皮层粗糙龟裂、枝条木质化延迟，生长衰弱，易受冻害。在辽宁北部地区 6 月中旬开始发病，7 月中旬发病严重。该病的发生通常与温湿度、寄主生育状态有关。多数情况下，气候干旱不利于病害发生，而寄主生长衰弱、植株过密则有利于发病。防治方法：①发

图 4-1　煤污病树

图 4-2　煤污病叶

图 4-3　白粉病为害榛叶片

图 4-4　白粉病叶片为害榛果实

病严重的榛园中结合清园可以清除，烧毁病叶并喷施清园剂。② 5 月上旬，喷洒 20% 的三唑酮乳油 800 倍液或用醚菌酯 30% 可湿性粉剂 30~40 g（有效成分 9~12 g）兑水喷雾，每隔 7~14 d 用 1 次（常见农药分类、剂型、稀释与配制见附录 2）。③发现病株应及时消除病枝病叶。如果是中心株，则将其全部砍掉，减少病原。

3. 褐苞病

此病主要为害果苞和叶片。发病初期，果苞和叶片边缘出现淡褐色斑点，然后逐渐向四周扩散，直至整个果苞、果柄和叶片，致使榛果变黑脱落，叶片焦枯，早期落叶（图 4-5 至图 4-7）。该病发生时间为 6 月下旬至 8 月中旬。

防治方法：于 6 月末至7 月上中旬向榛树上喷施 3 000 倍液的 48% 唑醚 · 戊唑醇 1~2 次。

图 4-5　褐苞病发病初期

图 4-6　褐苞病蔓延至果实

图 4-7　褐苞病致榛果脱落

二、榛子常见的虫害有哪些？如何进行防治？

1. 朝鲜球坚蚧

朝鲜球坚蚧 1 年繁殖 1 代，以 2 龄若虫在小枝上越冬（图 4-8、图 4-9）。第 2 年 3 月上中旬开始活动，从蜡堆里的蜕皮中爬出，另找固着地址，群居在枝条上为害，以口器刺进树枝吸食汁液。不久便逐步分化雌雄性。雌性若虫于 3 月下旬又蜕皮 1 次，体背逐步膨大成球形。雄性若虫于 4 月上旬排泄白色蜡质构成介壳，再蜕皮化蛹，4 月中旬开始羽化为成虫。

图 4-8　球坚蚧若虫

4月下旬到5月上旬雄成虫羽化并与雌成虫交配，交配后的雌虫虫体迅速膨大，逐步硬化，5月上旬开端产卵，卵期7 d，5月中旬为若虫孵化盛期，初孵化幼虫在母体匍匐1~2 d，然后寻找恰当位置，以枝条裂缝处和枝条基部叶痕中为多，固定后，虫体长大，两边排泄白色蜡质物，掩盖虫体反面，6月中旬后蜡丝又逐步消融白色蜡层，包在虫体四周，此时发育缓慢，雌雄难分，越冬前蜕皮1次，蜕皮包于2龄若虫体下，到10月份，随之进入越冬状态。

图4-9　分布密集的蜡质壳

冬春季节结合冬剪，剪除有虫枝条并集中烧毁，若枝条上雌虫蜡壳分布过多，在3月下旬或4月份用硬毛刷刷破蜡壳，或用刀铲除蜡壳(图4-10)。化学防治为在发芽前结合防治其他病虫，先喷1次5波美度石硫合剂，越冬幼虫自蜡壳爬出40%左右并转移时，再喷1次2.5%溴氰菊酯乳油1 500~2 000倍液等，喷药最迟在雌虫蜡壳变硬前进行。

图4-10　用刀刮除若虫壳

2. 榛黄达瘿蚊

此虫在辽宁、吉林、黑龙江、内蒙古、河北东部、山东东部有分布，其中以辽宁省的榛林受害较重。在辽宁省境内以铁岭市的榛林受害最重。此虫以幼虫为害平榛、毛榛和平欧杂交榛的幼果、嫩叶、新梢（图 4-11 至图 4-13），尤其是幼果果苞被害后榛果脱落。防治方法：①化学防治：4 月末至 5 月中旬。用 80% 敌敌畏乳油 50~100 倍液浸泡棉球（直径 4 cm 大小）和玉米棒（3~5 cm），按 1 m × 1 m，2 m × 2 m，3 m × 3 m 的距离撒在榛园地表，也可挂于植株枝干的中部，均可收到降低虫口密度达到防治目的。玉米棒的泡制技巧为：1 斤敌敌畏，加 10 斤水稀释，加适量柴油，置于喷壶里（1 斤 = 500 g）。塑料布上面铺一层玉米棒，用喷壶喷透，再铺一层，再喷，然后装在塑料口袋里密封 24 h 之后，扔到榛子地中。大果榛子可以用瓶挂树上，每棵树一瓶放 10 mL 左右敌敌畏加 10 mL 辛硫磷原药与少量的柴油熏蒸（图 4-14）。5 月上中旬喷施 5% 甲氨基阿维菌素苯

图 4-11 榛黄达瘿蚊为害叶片

图 4-12 榛黄达瘿蚊幼虫

图 4-13 榛黄达瘿蚊成虫

图 4-14 药剂熏蒸瘿蚊

甲酸盐 1 500~2 000 倍液，或 2.5% 高效氯氰菊酯 2 000~3 000 倍液可获得 90% 以上的防治效果。5 月中旬至6 月中旬，应用内吸剂防治。②人工防治：5 月中旬至6 月中旬，人工摘除幼虫期的虫子。③生物防治：保护和利用寄生蜂。

图 4-15 卷叶象甲为害叶片

3. 榛卷叶象甲

卷叶象甲科以幼虫和成虫为害榛树叶片。成虫取食植株中上部及梢部的叶片，被害叶片呈孔洞，受害严重的叶片孔洞连成片后呈网状(图 4-15、图 4-16)，有时会咬断叶柄；幼虫在卷褶的叶包内为害。防治方法：在成虫期即 5 月中旬至 6 月中旬，定期向叶片上喷施内吸剂；于 6 月上旬至 8 月下旬，人工摘除树上虫包集中消灭卵、幼虫和蛹期。

图 4-16 卷叶象甲

4. 榛实象甲

此虫 2 年一代，历经 3 个年度，以幼虫和成虫在榛林的土壤中越冬。在土中越冬的成虫，在翌年 5 月上旬，平均气温 14 ℃左右，榛树开始展叶时，出土在枯枝落叶层内活动。5 月中旬，平均气温 16 ℃时，成虫在树冠上活动，并开始取食补充营养，最早发现于 5 月 12 日。5 月下旬成虫上树补充营养进入盛期(图 4-17)。成虫补充营养历期 21~34 d。6 月中下旬，气温稳定在 23 ℃左右时，榛子幼果开始发育时，成虫开始交尾、产卵。7 月上中旬进入产卵盛期，卵期 9~14 d。7 月上旬卵开始孵化，7 月下旬进入孵化盛期，9 月上旬孵化终止。幼虫在榛果内取食 1 个月左右(图 4-18)。8 月上旬老熟幼虫随榛果坠到地面，脱果后钻入土中 20~30 cm 处筑土室并在其内越冬。8 月中旬为入土盛期。第三年 7 月上旬开始化蛹，7 月下旬进入化蛹盛期，终止于 9 月上旬，蛹期 10~15 d。7 月中旬新一代成虫开始羽化，8 月上中旬为羽化盛期。新羽化的成虫当年不出土，即在原地越冬，待第二年春季开始出土活动。防治方法：①在成虫活动盛期即每年的 5 月上旬至 6 月上旬喷洒菊酯类药和熏蒸类药剂或采用烟剂熏蒸防治成虫。

图 4-17　榛实象甲成虫

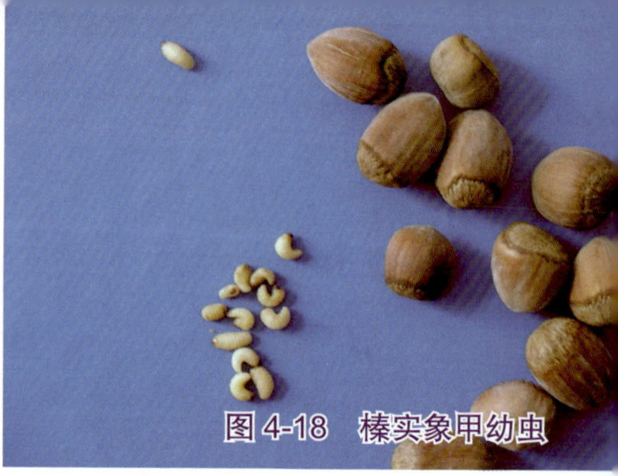

图 4-18　榛实象甲幼虫

②人工捡除落地虫果集中消灭老熟幼虫。

5. 六齿小蠹虫

六齿小蠹虫分布于黑龙江、吉林、辽宁等地。六齿小蠹虫 1 年发生 1 代，以成虫在树皮内蛀孔越冬（图 4-19）。翌年 5 月上旬开始活动，生活史不整齐，5—8 月随时可见成虫迁飞和入侵；雌虫产卵量每头约 30 粒，卵期 5~12 d；幼虫期 20~23 d，蛹期 7~9 d；发育速度因温度不同而有差异。新成虫于 7 月初开始羽化，羽化的成虫即在原有坑道或蛹室四周取食，补充营养，并于 9 月中下旬进入越冬状态（图 4-20 至图 4-22）。

药剂防治要在成虫开始活动时期至 5 月中下旬。可以使用精攻夫（23% 高效氯氟氰菊酯）1 500~2 000 倍液 +5% 阿维菌素 1 500 倍液或者 480 g/L 毒死蜱 500 倍液防治成虫；20% 氰戊菊酯 1 000 倍液 +5% 阿维菌素 1 500 倍液或 480 g/L 毒死蜱 500 倍液。建议根据虫口密度大小，连续 2~3 次处理，药剂交替使用。物理方法：诱饵法——衰弱树枝作诱饵，待新的子坑道大量出现而幼虫尚未化蛹时，将饵木集中烧毁或剥皮喷药处理，杀灭幼虫。

图 4-19　六齿小蠹虫成虫

图 4-20　六齿小蠹虫为害后树干外部形态

图 4-21　为害树干剖面

图 4-22　为害树干横切面

6. 大青叶蝉

大青叶蝉属同翅目叶蝉科，又名青叶跳蝉、大青浮尘子。在果树上以成虫产卵为害，使幼树大量失水，导致枝干枯死，严重时可全株死亡。大青叶蝉 1 年发生 3 代，以卵在树干、枝条表皮下越冬。翌年 4 月孵化，若虫到杂草及蔬菜等多种植物上群集为害，5—6 月份第 1 代成虫出现，7—8 月份第 2 代成虫出现，9—11 月份出现第 3 代成虫，10 月中旬成虫开始迁移到果树上产卵，10 月下旬为产卵盛期，并以卵态越冬。成、若虫喜栖息在潮湿窝风处，有较强的趋光性，并常群集在嫩绿的寄主植物上为害。若虫共 5 龄，为期 1 个月左右。每雌虫产卵 30~70 粒。夏、秋季卵期 9~15 d，越冬卵期则长达 5 个月。成虫于秋末将卵产在幼树枝干的皮层内(图 4-23、图 4-24)，产卵前先用产卵管割开寄主的表皮，外观呈现月牙形，再将卵成排产于表皮下。造成枝条枯死。

防治方法：在秋季采收后和春季萌芽前，用 3~5 波美度石硫合剂清园。在成虫产卵前，对树体涂白可加入少量杀虫剂，都可有效减轻虫害发生。成虫在树干产卵后用木棍擀树干表面，压死虫卵。成虫发生期可用黑光灯诱杀成虫。在 7 月下旬至 9 月下旬成虫产卵前进行防治，可采用 800~1 000 倍液毒死蜱或高效氯氰菊酯 1 000~1 500 倍液吡虫啉等进行喷杀，以 2~3 次为宜，每次间隔 7~10 d。

7. 金龟子

金龟子类为害榛树的主要是朝鲜黑绒金龟子、暗黑金龟子、铜绿金龟子、豆蓝金龟子、苹毛丽金龟子、东方金龟子等(图 4-25，图 4-26)。

图 4-23 大青叶蝉

图 4-24 大青叶蝉为害枝条

图 4-25　豆蓝金龟子

图 4-26　铜绿金龟子

为害状：上述金龟子主要为害榛树的叶子，成虫可将叶子的局部或全部吃掉。

生活史：上述金龟子均为 1 年发生 1 代，以成虫或老熟幼虫于土中越冬，只是其出土时期、为害盛期略有差异。苹毛丽金龟子和东方金龟子的成虫均在 4 月中旬出土，4 月下旬至 5 月上旬为出土高峰，成虫为害榛叶。一般多在白天为害，日落则钻入土中或树下过夜；当气温升高时成虫活动最多，这种情况下则傍晚也出来为害。金龟子类成虫均有假死习性。铜绿金龟子，除上述习性外，还具有较强的趋光性。喜欢在豆科植物的地里产卵，成虫为害盛期是 7 月上旬。

防治方法。

人工捕杀：在成虫大量发生期，利用其假死习性予以捕杀。即在早晨或傍晚时人工振动树枝、枝干，把落到地上的成虫集中起来，进行人工捕杀的方法防治，或者先在树下撒辛硫磷颗粒剂，然后振动树枝，使其落地触药毒杀。

诱杀：成虫（铜绿金龟子）大规模发生时，利用其趋光性，架设黑光灯诱杀成虫。

药物防治：成虫于春季出土为害榛树，喷洒砒酸铅 200 倍液，并加黏着剂进行防治。大规模发生时可喷洒 50% 的乐果乳剂 500 倍液或 40% 的乐果乳剂 800~1 000 倍液防治。

金龟子的幼虫是蛴螬（图 4-27、图 4-28）。3—4 月份，每亩地用蛴螬专用型白僵菌、绿僵菌杀虫剂 1.5~2 kg，与 15~20 kg 细土拌匀，在作物根部土表开沟施药并盖土，或顺垄条施。也公顷可用敌敌畏 3 kg 化水拌火粪均匀地撒在树冠下面，结合中耕除草翻入土中，毒杀幼虫。

其他榛园常见病虫害见附录 3。

图 4-27　蛴螬

图 4-28　蛴螬为害根部

第五章
Chapter 5

榛生产园周年管理技术

一、榛园春季管理技术（2 月至 4 月中旬）

榛树在春季要完成树液流动期、开花期、萌芽期等 3 个物候时期，此时物候期特征见表 5-1。

表 5-1　平欧杂种榛春季物候期（熊岳地区）

物候期	时间	物候特征
树液流动期	3 月中旬	春季，从有树液流动开始到雌雄花开花为止为树液流动期。此时日平均气温 3~5 ℃
开花期	3 月中下旬开花，4 月上旬结束	榛树开花早，在树液流动后日平均气温达 6~8 ℃时即开始开花，先叶开放。榛树花为单性花，雌雄同株（图 5-1）。雄花成葇荑花序（图 5-2），圆柱形。春季气温回升得快，雄花开放进程也快，因此，雄花有时早于雌花开放 1~3 d，如果气温上升缓慢，雌雄花则同时开放。雄花开花是以雄花序松软开始（图 5-3），然后花序伸长（图 5-4），花苞片裂开，花粉黄色，以风为媒。雌花开放是雌花芽的顶端微露出红色（或粉红色）柱头为始（图 5-5），柱头鲜艳，湿润而光亮。雄花一般持续 6~14 d，雌花持续 10~14 d（图 5-6）
萌芽期	4 月中旬结束	萌芽期在开花之后（图 5-7），雌花开花末期，芽便开始膨大。萌芽之后叶片开始展开，长出新梢，很快进入旺盛生长期

图 5-1　榛树雌雄同株异花

图 5-2　榛树雄花

图 5-3　雄花开始散粉

图 5-4　雄花散粉末期

图 5-5　榛树雌花开放

图 5-6　榛树花期

图 5-7　榛树叶芽膨大

此期榛园管理措施有：

1. 喷施防冻液

早春喷布防冻液。辽宁地区一般在 2 月下旬至 3 月 1 日前对树冠喷布防冻液(图 5-8),春季喷水、灌水多次,可降低土温,延迟开花,花前灌水 2~3 次,可延迟开花 2~3 d。连续定时喷水可延迟 7~8 d 开花。可以有效地防止或减少树体水分蒸发,减轻抽条。

2. 清园

果树清园能有效杀死越冬的害虫虫卵和病菌,提高树体抗虫防病能力。一般清理果园在冬季、春季都可进行,冬季清理果园以清理果园中枯枝烂叶,集中烧毁或深埋为主,春季以喷施清园剂及修整畦埂(图 5-9、图 5-10),畦埂修理完毕后,及时浇灌萌芽水(图 5-11、图 5-12)。目前果园清园剂仍以石硫合剂为主要药剂。石硫合剂需在榛树开花之前,使用浓度为 3~5 波美度较好,若展叶期,喷施浓度降为 0.3~0.5 波美度。市售石硫合剂多是 45% 的结晶体,若果园面积较大,用量多,可以用生石灰、硫黄粉、水经人工熬制石硫合剂(附录 4),药效好,作用明显。

3. 人工辅助授粉

榛树和其他果树一样,都有落花、落果现象。结果枝伸长后,其顶端露出的小苞叶(花序)脱落了,即称落花。落花原因是雌花序没有授粉,或只授粉而没有受精,导致子房不能膨大而脱落。因此,榛树建园时应配置授粉树。在目前尚未

图 5-8　喷布防冻液

图 5-9　清理果园，修畦埂

图 5-10　清理后的果园

图 5-11　灌水

图 5-12　树盘下灌解冻水

选出固定授粉树品种的情况下，建园时，每个园地或小区可选 3~4 个品种，相间栽植，一般选花期相同或相近的品种，每个品种栽 3~5 行，各品种相间栽植可以互相授粉。榛树花粉有效期距离为 18 m 以内，如果单独配置授粉树，应按主栽品种 4~5 行、授粉树 1 行的比例栽植（图 5-13），即可满足授粉的要求。另外，很多榛子产区还借助各类人工辅助授粉的方法促进榛树坐果。目前常用的是挂花枝授粉（图 5-14），在主栽品种雌花开放之前，将授粉品种的花枝剪下来，插在盛水的瓶子里，挂在需授粉榛树的上部（图 5-15），通过雄花散粉落到雌花柱头，完成授粉过程。

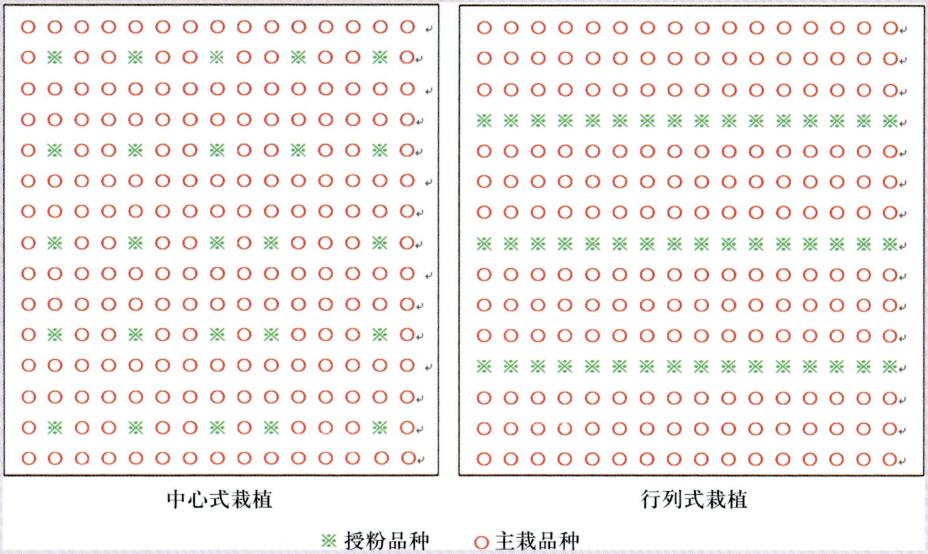

图 5-13　授粉品种和主栽品种栽种示意图

图 5-14　做授粉盛水小瓶

图 5-15　挂雄花枝授粉

4. 榛园春季肥水管理技术

榛园的灌水一般结合施肥进行，早春若土壤干燥，发芽前后，根据土壤墒情，浇一次萌芽水。采用树盘内或带状灌溉法浇水，浸润，土壤深度 40 cm 为宜，结合灌水，可以撒施氮肥及复合肥（图 5-16至图 5-18），尿素需灌水后施用（图5-19），撒施后灌水容易产生肥害。3~4 年生榛树可撒施尿素及复合肥50~100 g/ 株，促进榛树萌芽。施肥方法有多种，一般成龄树采用放射沟施肥，即在树冠下，距主干 60 cm 处，顺水平根生长方向放射状挖 5~8 条施肥沟，宽 30~50 cm，深 20~40 cm，将肥施入。为减少大根被切断，应内浅外深。幼树一般采用挖条沟施肥，若个别幼树树势较弱，可结合施用复合肥时，添加有机肥，迅速恢复树势，可开多条沟和单沟，根据树体需肥量而定（视频3）。果树常用肥料参看附录 5。

图 5-16　春季施肥

视频 3
榛子春季追肥

图 5-17　环状施肥

图 5-18　施肥种类

图 5-19　施肥后灌水

5. 春季修剪技术

整形修剪是促进榛树早结果、早丰产、延长结果年限的重要措施之一，主要分冬剪和夏剪。冬剪在落叶后至第二年树液流动前进行，最适修剪时期是树液流动前一周，熊岳地区一般在 2 月中下旬开始到 3 月初基本结束。休眠期修剪包括幼树整形及盛果期果树修剪。

榛树修剪的原则是：长远规划，因树修剪，随枝做形，抑强扶弱，立体结果。主要修剪手法有以下几种。

(1) 短截

剪去一年生枝条的一部分叫短截。夏季摘心也属于短截，是生长季节的短截。短截对枝条有局部的刺激作用，可以促进剪口下侧芽的萌发分枝，快速生长，增强树势的作用。

短截程度不同，其修剪反应不同，短截可促进分枝生长。在一定范围内，短截越重发枝数量越少，单枝生长量越大，但总生产长量减少，短截越轻发枝数量越多，单枝生长量越小，总生长量增大，因短截程度的不同可分为轻、中、重短截。

①轻短截

轻短截一般剪掉枝条的 1/3 以内，轻短截后留下的枝条侧芽多，养分分散，可以形成较多的中短枝条。单枝本身充实中庸，枝势缓和，形成花芽质量好，轻短截修剪量少，树体损伤小，对生长、分枝的刺激作用小，在榛子树幼树期，对其外围枝轻短截，能扩大树冠，缓和树势，有利于提早结果。

②中短截

中短截一般剪掉枝条的 1/3~1/2，中短截后，分生中长枝较多，成枝力强，长势强，母枝加粗生长较快，可促进生长，一般用于盛果期处长枝，培养健壮的结果枝组促进衰老枝的更新。

③重短截

重短截一般剪掉枝条的 1/2 以上，剪留枝条的长度为 10~20 cm。重短截对枝条削弱大，发枝少而强旺。重短截一般用于对徒长枝和竞争枝的处理以及强旺枝组调节和培养矮壮的结果枝组。在榛子幼树修剪中，为了平衡树势，对生长量大的主侧枝重短截，能减少生长量。

(2) 疏枝

在不同年龄枝的基部剪除叫疏枝，疏枝对生长有双重作用，即前促后控。疏枝可调节枝条的密度与分布，加大空间，改善通风透光，平衡树势。由于顶端优势的存在，养分垂直向上，流动快，会使上部外围分枝多，郁闭遮光，所以在修剪中应注意疏除上部、外围过密枝，强弱不均的只可疏除生长较强部位的枝条。少疏除和不疏除较弱部位的枝条以平衡枝势树势。疏除结果枝组和大枝上的旺枝可提高萌芽率，促进花芽的形成，提高坐果率，促进中小分枝的生长；对衰弱树疏除过多的衰弱枝组，可起到集中养分，增强树势的作用；疏除竞争枝，留下来的枝条正常生长，只对局部有促进作用，对总体的生长势削弱。

榛树喜光性强，进入结果期后枝条易枯死。因此对于在 5~8 年的初果期树，疏枝是修剪当中的主要措施。但疏枝过多会打破地上地下的平衡，影响树的生长发育，尤其是疏除多年生枝，不能操之过急，要逐年分期进行。疏枝对榛树的影响与疏去枝条的大小长势，数量有关。疏除轮生枝和密生枝中的弱枝可促进树体的生长，疏除多年生枝、旺枝会削弱剪口以上枝的长势，并增强下部枝条的长势；疏除同侧大枝，会加强下部大枝的长势；疏除下部大枝会削弱上部大枝的长势；疏除同侧中间大枝会减弱上部大枝，并增强下部大枝的长势。

(3) 缓放

缓放就是不剪，是利用枝条自然生长，逐年衰弱，逐年减弱的规律，避免刺激旺枝的旺长，令其生长逐年放慢，增加营养物质的积累使枝条充实，叶芽饱满，形成花芽，提早结果，角度不好的枝条，缓放结果后还可以压低角度，改善光照条件。

在榛子树修剪中，对幼旺树超过 1 m 以上的强枝大多进行缓放，第 2 年形成鱼排枝，以备结果或作为延长枝扩大树冠，结果树上的结果枝除少部分短截外，大部分缓放不短截，留作当年结果，生长强的旺枝大多以缓放为主，缓和长势。

(4) 回缩

回缩就是剪掉多年生枝的一部分。缩剪有改善光照，调节延长枝角度和方位，控制树冠和枝组的发展，矮壮和更新枝组，充实内膛，复壮树势，延长结果年限的作用。在榛树修剪中对进入盛果期的树，都是利用回缩来调整树势，盛果期树，利用回缩转主换头，来增强外围新梢的长势，使枝条不衰弱，以延长结果年限，通过缩剪调整大型结果枝组的生长势，使结果枝组合理布局。

在榛树修剪中，结合修剪反应规律，正确运用短截、疏枝，缓放、回缩等基本修剪方法，获得理想的树势。对于衰弱树，采取增势修剪，促进树体和局部的生长，即利用短截回缩等方法，如在枝条饱满芽处，采取轻中度短截，利用壮枝壮芽带头，少缓放少疏枝；对于强旺树，采取减势修剪，削弱整体和局部的生长，即利用多疏枝重短截的方法，去大留小，去强留弱，削弱树的长势。掌握了不同的修剪方法，根据树的长势，生长发育情况，采取相应措施，同时还要结合榛树品种特性、土壤、肥水、气候等条件，根据具体情况灵活运用，才能达到丰产效果。

(5) 刻芽

刻芽是在芽体上方 0.3~0.5 m 处，采用小刀或钢锯切断枝条韧皮部和少许木质部导管。目前，生产上广泛应用刻芽技术来促发新枝达到整形目的。对于拉枝长的水平枝条，还可以对枝条两侧和背下芽进行刻芽以达到促发短枝、抑制背上芽萌发、减少背上枝冒条的效果。榛树春季的整枝工作主要是大量的增加中、短枝，分散极性，减少冒条，给稳定成花打下基础。想发长枝的刻芽要“早”(是指刻芽时间要早)、“近”(是指刻伤部位离芽体要近)、“深”(是指刻伤深度要深)、“长”(是指刻痕的长度要长)，想发短枝的刻芽要晚、远、浅、短(视频 4)。

视频 4
榛子春季刻芽

(6) 拉枝

自然生长的榛子枝条直立，容易导致树冠内部郁闭，光照不良，常形成细弱的内膛寄生枝，不能成花结果。拉枝可开张枝条角度，缓和生长势，促进成花，且可改善内膛光照，有利于立体结果。大果榛树生长势较弱，故主枝角度不宜过

视频 5
榛子春季拉枝

大，70°~80° 即可，一般采用拉枝器进行拉枝，拉枝按“一推、二揉、三拉、四固定”的步骤进行。一推，即用手握枝条向上方反复推动；二揉，即将枝条上下左右反复揉动使其软化；三拉，即在枝条揉动变软后，将枝条下拉至所需的角度；四固定，即将枝条拉平、拉直，并用拉枝器将其固定下来。拉枝不能拉成弓背形，防止冒条。春季拉枝，一般针对 1~2 年生枝和侧生中小结果枝，经推揉后选用开角器进行拉枝（视频 5）。

二、榛园夏季管理技术（4 月中旬至 8 月中旬）

榛树是先开花后展叶。熊岳地区，4 月中旬榛芽开始膨大开绽（图 5-20），此时气温稳定在 10 ℃左右，芽萌发后，开始展叶（图 5-21），随之进入新梢生长期，此期一切栽培管理措施目的都是以促进新梢迅速生长，快速形成合理叶幕为主。到了 5 月下旬，新梢生长到一定阶段，展叶 7 片左右，就在新梢顶端抽生果序（图 5-22），开始进入果实发育期（图 5-23、图 5-24）。果实发育要经历果实迅速生长期（图 5-25）、硬核期、成熟期，果实发育时间约 90 d。果实发育过程中会出现落果现象，落果集中在两个时期。第一次在 6 月中旬，正值新梢旺盛生长期和坚果迅速膨大期，此期榛树需要大量的水分和营养物质，此时如遇干旱或营养不足势必引起落果。同时，由于卷叶虫钻入木质化的果实基部为害幼果也会引起幼果枯萎而脱落。第二次是 7 月下旬到 8 月上旬，称为生理落果，此时为果仁迅速发育期，如结实多、营养不足都容易引起落果。因此，夏季榛树管理一切操作集中在以促进果实发育为主。在榛树果实膨大时，花芽分化也在进行，品种不同，花芽分化时间不同，多数在 5 月下旬开始进入分化，6 月中旬开始进入花芽形态分花期，8 月份雄蕊形态分化逐渐完成（图 5-27），9 月份变为黄色；雌蕊形态分化

图 5-20　榛树春季萌芽（4 月 9 日）

图 5-21　展叶（4 月 17 日）

图 5-22　抽生果序（5 月 12 日）

图 5-23　果序苞膨大散开（5 月 21 日）

图 5-24　红色新梢生长点（6 月 15 日）

图 5-25　果实膨大期（6 月 18 日）

图 5-26　雌花形态分化中（7 月 6 日）

图 5-27　雄花序形态分化（7 月 20 日）

时间较长(图 5-26),一般从 7 月份持续到 11 月份。一般大部分果实 8 月中下旬是集中成熟期(图 5-28)。

图 5-28 果苞黄绕,果实成熟(8 月 18 日)

1. 施肥灌水

新梢萌芽前施肥 1 次,15 d 后也就是 4 月中旬结合树体萌芽情况,可再追肥 1 次,施肥种类仍以氮肥为主;幼树追肥量 50~100 g/ 株,6 年生以上榛树施肥量 100~200 g/ 株;8 年生以上每株施肥 300 g。6 月中旬,果实进入迅速膨大期,此期施肥方式可以采用环状沟施、放射性沟施、肥水一体、叶片喷施等(图 5-29,图 5-30,图 5-31)。环状沟施特别适用于幼树施肥,方法为在树冠外沿 20~30 cm 处挖宽 20~30 cm、深 15~20 cm 的环状沟,进行施肥。放射性沟施从距树干 50 cm 处开始挖成放射沟,内膛沟窄些、浅些(约 10 cm 深、20 cm 宽),冠边缘处宽些、深些(约 20 cm 深、30 cm 宽),每株 4~6 条放射沟,依树体大小而定,此期追肥要以高钾复合肥为主(图 5-32)。有条件的情况下,可采用肥水一体化施肥,肥水一体是采用滴灌,喷灌等节水灌溉设备。施肥量的确定要以树势和树龄为主,树势较弱,施肥量要大些,随树龄增大,施肥量逐年增加。除土壤追施外,一般还会采用根外追施,采用行走式弥雾机,7 月前可喷施 2~3 次 0.5% 尿素溶液,7 月份每隔 15 d 可喷施 2 次 0.3% 磷酸二氢钾溶液(图 5-33)(视频 6)。

图 5-29 夏季条沟追肥

视频 6
乘坐式割草机割草

2. 土壤管理

榛园土壤管理有清耕(图 5-34、图 5-35)、免耕、覆盖(图 5-36 至图 5-39)、果园生草、果园间作及化学除草等方式。清耕指在榛树生长季节内,果园土壤全年保持清耕无杂草状态,一般每年进行 4~6 次,最好在雨后或灌水后表土不黏时进

图 5-30　在树冠外围开施肥灌水沟

图 5-31　环状追肥

图 5-32　施用肥料

图 5-33　行走式弥雾机喷施

图 5-34　清耕

图 5-35　行间清耕

图 5-36　单株地膜覆盖

图 5-37　行内地膜覆盖

图 5-38　地布覆盖

图 5-39　种植鼠茅草

行，园区长期采用清耕，会导致土壤有机质迅速消耗及土壤结构严重受损，降低土壤肥力。免耕指不加耕作，利用化学除草剂除草的土壤管理方法，这是一种省工、高效的土壤耕作方法，但相关报道表明土壤中长期喷施化学除草剂，不但会造成土壤结构破坏，土壤有效肥力下降，严重时会危害农田及人身健康，这使化学除草剂的使用大大受限。覆盖是指在树盘上或整个果树行内掩盖材料，如秸秆、干草、腐殖土、无机地膜或种植覆盖物等以达到保水保肥、壮树增产的目的。覆盖能减少水土流失，能改善土壤结构，提高土壤肥力。覆盖法的缺点在于易使果树根系上浮，表层土壤温度和水分变化，常对其生长造成不利，因此应坚持长期覆盖，不应间断。

目前，果园生草（生草技术规程见附录 6）是果园土壤可持续耕作的主要管理模式。在树盘外、榛树行间播种禾本科、豆科等草种，在生长季采取割刈、翻压等措施，可有效调整土壤的结构及其理化特性，提高榛树对钾、磷的吸收，提升果树产量和品质。果园生草可选择的草种类型较多。从播种时间来看，可选白三叶草、多年生黑麦草、紫花苜蓿在春季播种，当地气温稳定在 5 ℃以上就可播种；

鼠茅草越冬性较强(图 5-40、图 5-41),秋季播种,成坪好。从果园省工及与果树坐果错期生长角度综合考虑,鼠茅草是目前我国北方果园优选草种,鼠茅草与其他草种相比,是极强的抑制杂草,省工且不与果树争肥。鼠茅草株高 50 cm 左右时开始自然倒伏,无需割刈,并且于 6 月下旬(此期正是各类果树果实膨大期)产生种子后死亡,不与果树生长争肥。倒伏在果园中的鼠茅草死亡植株,在 8 月中旬前会抑制其他杂草的生长。整个夏季不需要割草,草种落地后在 9 月初,果实采收后重新萌芽生长,至 11 月份,鼠茅草长至 10 cm 左右,准备越冬。第二年 3 月份,浇过返青水后,鼠茅草旺盛生长,抑制其他杂草萌芽。生草前期要注意加大肥水供应,避免生草在初期与果树争夺营养。另外,果园自然生草也是山地果园常采用的果园土壤管理模式,去除不适宜生草的种类后,生长期定期割刈即可(图 5-42、图 5-43)(视频 7)。

视频 7
行走式弥雾机
叶面喷肥

果园间作也是幼龄榛园常采用的土壤管理模式。在幼龄榛园,行间可以间作白菜、豆类、甘薯、马铃薯、花生等低矮作物(图 5-43 至图 5-46)。但为避免与榛树争肥水,间作物要与榛树树盘外缘保持 20~30 cm 距离。如此间作,不仅可以改善小气候,有利于幼树生长,还可提高土地利用率,增加收入。

3. 除萌蘖及抹芽

除萌蘖主要是将榛树不利用的萌生枝铲除(图 5-47)。抹芽是将主干基部及枝条上萌发的侧芽或腋芽去除,限制枝条的增加。除萌蘖及抹芽能调节树冠密度,保持树冠通风透光,减少水分和营养物质的消耗,促进灌丛主枝的生长,有利于花芽形成和坚果的发育,是榛树管理不可缺少的工序。在生长季节要集中铲除 3~5 次萌蘖,4 月底至 5 月初萌蘖刚发生时就要铲除 1 次(图 5-48),在除萌蘖时,可同时抹芽,幼树第一主枝下萌芽都要抹除(视频 8)。

视频 8
幼树春季除萌

图 5-40　苗区间作鼠茅草

图 5-41　割草机割刈

图 5-42　乘坐式割草机

图 5-43　榛园间作菜类

图 5-44　榛园间作豆类

图 5-45　榛园间作谷类

图 5-46　榛园间作松类

图 5-47　榛树下萌蘖

图 5-48　人工剪除萌蘖

对于成龄树，除了去除第一主枝下萌蘖外，对于主枝上的过密芽，剪锯口芽，背下芽也可进行去除，避免发枝过多，影响光照（视频 9）。随时发现、随时铲除（图 5-49，图 5-50）。铲除萌蘖要彻底，不能留高茬（留茬后更容易萌发新的萌蘖）。铲除萌蘖后可使养分集中供应到树冠上，促进成花结果。

视频 9
成龄树春季除萌蘖及抹芽

4. 幼树主枝牙签开角

对于榛树幼树主干上主枝适时开角，可促进中心干延长枝顶端优势发挥，抑制主枝延长枝过旺生长。幼树树高 1.2 m 左右，一般在 6 月中下旬，要及时对中心干角度不开张的新梢进行开角（图 5-51）。一般中心干新梢长至 30~40 cm，新梢粗度在 0.3 cm 左右较好，枝条过粗，半木质化程度高，开角同时，新梢容易折断；枝条过细，新梢幼嫩，木质化程度较低，牙签较难在新梢上找到固定点。牙签开角操作时，左手扶住中心干，用大拇指将新梢轻轻压下，右手持牙签，先将牙签一端扎入中心干韧皮部，再将另一端扎入新梢韧皮部，使新梢与中心干间夹角变大（图 5-52）。

图 5-49　萌蘖全部去除

图 5-50　定期全园除萌蘖

图 5-51　生长直立的榛树新梢

图 5-52　牙签将新梢角度开张

三、榛园秋季管理技术

1. 果实采收

1.1 采收时期

榛子成熟的时期与种类、品种、品系生长的气候特点等均有密切关系。榛子在东北地区的成熟时期在 8 月中旬至 9 月上旬。不同品种,不同区域小气候,甚至同一株丛内,不同位置也会不同,如树冠外围及顶部果实首先成熟,下部及内膛的则成熟晚,成熟时间都各有不同,因此分期采收较为合理。

榛子必须充分成熟才能采收。过早采收种仁不饱满充实,晾干后易形成瘪仁,降低其产量和质量。反之,采收过迟果实则自行脱苞落地,榛果果苞落地收集不及时,易造成果实外观变色,影响其质量。榛子的适时采收标志是果苞和果顶由白变黄,果苞基部有一圈变成黄色,俗称"黄绕"(图 5-53)。此时果苞内果实用手一触即可脱苞,为适宜采收期,一般同一榛园采收期持续 7~10 d。

1.2 采收技术

(1) 人工采收

榛树较矮,采收方便。采收时可连同果苞一同采下,若等待果实脱苞落地(图 5-54),集中再拣拾,应该先清理园地,在采收季节可以每天拣果一次。或者采用震动大枝的办法,使榛果落地,再集中收集起来。

(2) 机械采收

机械化采收榛果适于大面积榛园。目前在国外如意大利、美国的先进农场均采用机械化采收。机械化采收可大大节约人力,提高工作效率,降低成本,所采收的榛子成熟度好,质量高。意大利最先进的 CIMINA300 型自走式采收机只需要一人操作,8 h 可采收 2 hm^2 的榛园,这种采收机还可采收栗子、核桃和扁桃。

图 5-53 榛果成熟

图 5-54 果苞落地后采收

其机械化采收工作程序如下：

采收前的准备。在榛子收获期之前做好田间准备工作。用整平清草机在榛树的株行间清除杂物。割掉杂草，土地压平，准备榛子成熟自然落地。所采用的机械——拖拉机带动整平清草机工作。

清扫。清扫机是用拖拉机带动两个圆形清扫盘旋转清扫，将掉下的果实连同果苞、树叶扫成一堆或一行，放在行间，然后用机械进行收获。

采收。榛子采收机（图 5-55、图 5-56）工作是采用吸气的原理，将落地果实、果苞用一条直径 25~30 cm 的管子吸进机器内，然后将果实和枝叶、果苞、土块分离。过去的采收机是用拖拉机带动采收机行走采收。CIMINA300 型自带马达，可自己行走，工作效率高。在榛子成熟季节，一般集中采收 2 次可完成全部过程。

图 5-55　大型采收机

图 5-56　背负式采收机

2. 采收后处理

2.1　脱苞

将采下来的带苞果实堆置起来，使果苞后熟后与榛果结合部产生离层，榛果自动脱落。堆积带苞榛子厚度为 40~50 cm，上面覆盖草帘或其他覆盖物，堆积时间 1~2 d。在堆积过程中注意检查堆内温度、湿度。温度、湿度过高会使榛子产生霉变，果壳色泽过深，失去光泽，严重时榛仁不能食用。堆积后用木棒敲击即可脱苞，也可采用手工脱苞（图 5-57、图 5-58）。

2.2　榛子脱苞机

利用脱苞机脱苞效率较高，但榛果外观质量不如手工脱苞。把采收后的榛子从投料口投入，把榛子苞脱掉（图 5-59、图 5-60）。由于榛子粒径大小不一，脱苞时有的不能一次脱掉，要经过反复多次直至脱掉为止。榛子过早采摘或含水量过大（超过 20%），直接脱苞会造成榛壳有划痕或榛子表面不干净。

榛子脱苞机有多款型号，分电动、燃油两种动力组合，用户可根据实际需要进行选择（视频 10）。

视频 10
榛果脱苞

图 5-57　采收后立即手工脱苞

图 5-58　果苞堆积后脱苞

图 5-59　机器脱苞

图 5-60　机器脱苞

2.3　果实分选

(1) 普通分选(原始分选)

已脱苞的榛子,可以采用分选机进行果实等级分选(图 5-61)。它的功能是将混杂的榛子原料,按其粒径大小不同将其分开,同时去除其他杂质。在榛子采摘脱苞风选后,榛子分选机组加工量为 600 kg/h。这为进一步脱壳、炒制等做好准备。

(2) 光色分选

索特克斯光电色选机(图 5-62)。色选机覆盖了多类果品的光谱,色选机让用户对疵点和异色进行二次识阈设定,色选更灵活,效果更精确。根据物料的平均颜色,色选机在剔除之前就明确区分出接受物和剔除物,以达到剔除最细微的异色。通过此机器,可安全去除榛子果实中掺杂的果壳、果皮、杂质、树枝、石子、发霉果实等各类异物。

2.4　干燥

新采收榛果含水量较高不宜立即贮藏,应该通风干燥一段时间,待含水率降到 7% 以下后贮藏。搭一个干燥棚,用木板和苇席搭成铺面,离地面高 70~80 cm,铺面宽度以便于翻动操作为宜。其上用苇席遮阳使之既通风,又避暴晒。把榛子平摊在铺面的苇席上,其厚度不超过 5 cm,每日翻动 1~2 次。在气温 18~22 ℃的条件下,经过 6~8 d 晾晒(图 5-63),榛子含水率可降至 4%~7%,即可

图 5-61　果实比重分选

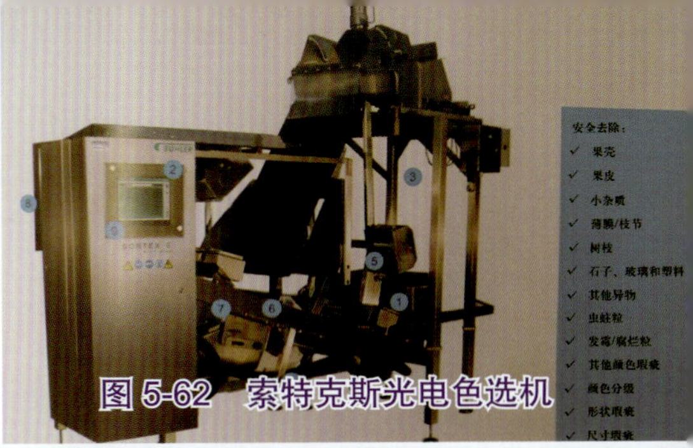

图 5-62　索特克斯光电色选机

图 5-63　脱苞后集中晾晒

贮藏。在晾晒过程中如遇到阴雨天，应在室内干燥。

2.5　贮藏

(1) 贮藏条件

榛子含水量极少，含水率 4%~7% 较耐贮藏。但是榛仁对温度、湿度反应敏感。贮藏期间，气温超过 20 ℃或长期见光会加速脂肪转化而产生“哈喇味”，不能食用；湿度过大（空气相对湿度达 75% 以上）会使果实发霉。因此贮藏榛子的条件是低温、低氧、干燥、避光。适宜的条件是气温在 15 ℃以下，空气相对湿度 60% 以下，仓库内光线较暗，榛果可以贮藏 1 年不变质。

(2) 贮藏方法

普通仓库贮藏：按前述的要求，含水率 4%~7% 的榛子方可入库。包装可选用麻袋、金属丝篮子、网兜等容器。为了延长贮藏期，可采用牛皮纸小包装，每袋 10 kg，袋口封严。仓库要清洁、干燥、通风。仓库内可以用麻袋码垛存放，既减少占地面积，又便于清点搬运。这种存放方法不能紧贴地面，不要靠墙，码垛底部及四周要留出通风空间。贮藏期间要经常检查是否有漏雨、水浸、虫害、鼠害等情况发生。仓库内要经常通风、保持清洁。

二氧化碳密闭贮藏：是为了防止夏季引起榛仁变质而采取的措施。即在普通仓库贮藏法堆码垛的基础上，先在地面铺层塑料布，码垛之后在其上面罩一塑料罩，将上下塑料布的边缘重叠在一起，用沙土压紧以防漏气，然后由底部充入气体二氧化碳，并注意防止漏气。同时尽量避免外界高温影响库内温度。

3. 加工

3.1 榛果炒制技术

炒榛子机可选用煤炭、电力、燃气为热源。不同型号的锅从炒几十斤到最多450斤。要根据加工数量合理选择不同型号的炒榛子机。榛子投入数量不能少于该型号炒榛子机标定数量的10%，否则炒制效果不好。

具体操作步骤为：把榛子机加热至100 ℃左右，将大粒沙（直径4 mm以上）投入炒榛子机内（投入数量根据炒榛子机大小和要炒榛子的数量而定，一般大粒沙占榛子的比例为20%，原则是宜多不宜少），将机器加热至140~150 ℃时，将经过风选和分选后的榛子干果（含水率最好不超过20%）按炒榛子机容量大小投入进行翻炒。炒制时间根据榛子含水率和品质而定，要逐渐升温。同时要不断取样品观察榛仁的红心程度，见到榛仁红心加白砂糖。当榛仁红心接近50%时，即表示榛子快要熟了，这时温度升至210 ℃左右，要马上出锅，否则就糊了，反之提前出锅榛子不熟。出锅后的榛子放在筛子上暂短晾晒，人工把炒制过程中自然开口的榛子挑出准备单独出售，其余放入冷水中浸泡约5 min后捞出放在筛子上直至晾干。这时榛子会自然发出开口的响声，野生平榛开口比较好，但在包装过程中要轻拿轻放，否则壳仁会分离，长途运输也会造成壳仁分离（视频11）。平欧杂种榛晾干后开口会自动合并，有利于运输和保存，但平欧杂种榛用这种方法开口的前提条件是榛子仁要饱满，含水量不能太高。也可用人工半自动小型开口机，但破损率和人工成本高，难以形成产业化。

视频11
榛果炒制

此设备也可用不锈钢材质加工而成。实现榛子大型产业化加工也可选用大型电磁加热炒货机，但设备造价和加工成本都很高。

3.2　果仁的加工

(1) 果实脱壳

图 5-64　小型脱壳机

小型榛子脱壳机(图 5-64),动力电源 220 V(外形尺寸 86 cm×51 cm×41 cm)。它的功能是将分选后的榛子进行脱壳,使榛子仁和榛子壳完全分离。它具有脱壳速度快、榛仁完整率高和劳动强度低等特点,是目前实验室、榛子行、农贸(坚果)市场和榛子园及个体榛农首选的榛子脱壳设备。

大型脱壳机的功能是将分选后的榛子进行脱壳,使榛子仁和榛子壳完全分离。它具有脱壳速度快、榛仁完整率高和劳动强度低等特点,是目前榛子加工企业及个体榛农首选的榛子脱壳设备(图 5-65)。

(2) 风选

榛子仁风选机(图 5-66)是榛子脱壳后进一步分离榛子仁和榛子壳的主要设备。它的功能是将脱壳后的榛子仁和较大的榛子壳进行再分离,吹出尘土和破碎的杂质,减少手工挑选的劳动强度。榛子风选机加工量 600 kg/h。风选后的榛仁中存有少量的榛壳或杂质要由人工挑选。

(3) 加工品制作工艺

榛子油压榨机组(图 5-67)。本设备是榨油的专用设备。在加工车间温度 15 ℃以上,且榛子仁籽粒饱满的基础上,榛子榨油机组加工能力(榛子仁)为 30 kg/(h · 台)。

首次装料时,将原料装袋并分层均匀置于料筒内,装满后(每次务必装满)盖

图 5-65　大型脱壳机

图 5-66　榛仁风选机

图 5-67　榛油压榨机（铁岭三能科技有限公司）

好压板，将料筒旋转至主油缸位置，并使料筒中心与主油缸活塞中心对正，将弓片放在副油缸活塞头与空油缸之间，升副油缸，使两个料筒上升并与上横梁平齐。压榨开始后，要再次检查油缸是否对正，无误后，旋动转换开关到"主油缸升"位置，主油缸缓慢上升，油压上升至约 17 MPa，开始压榨。此时电节点压力表自动控制压榨过程并使油压始终保持在 17~20 MPa，保压一段时间后，将转换开关旋向"主油缸降"的位置，主油缸活塞开始下降，活塞降到最低点后，将旋钮开关拨到"停止"，将料筒旋转 180°，放入弓片升副油缸使与上横梁平齐（在主油缸压榨的同时，另一个料筒可以装料或卸料），再次升起主油缸进行下一次压榨，同时副油缸出料。

4. 秋季土肥水管理技术

秋施基肥是果园秋季管理的必需步骤。增施有机肥料，可提高土壤孔隙度，疏松土壤，加速土肥融合，改善土壤中水、肥、气、热状况。秋施基肥有利于微生物活动，促进花芽分化，提高花芽质量，增强树体的越冬性；还有利于榛园保墒、提高地温、防止根际冻伤。一般秋施基肥最佳时间是在秋季果实采集后的一周内，早秋施基肥，有机物腐烂分解时间较长，第二年春天可及时供根系吸收利用。施有机肥料以粪肥、堆肥、绿肥、人粪尿为主，各类有机肥料营养元素见附录 7，同时加入适量的氮、磷、钾复合肥。如果秋季来不及施基肥，第二年春萌芽前也可春施。但是春施基肥，肥效发挥较慢，常不能满足榛树早春生长需要。

施基肥常采用方法，主要有以下几种。

(1) 环状沟施肥法：在树冠外围枝垂直投影处挖环状沟，沟宽 30~40 cm，沟深一般因树龄不同而异：沟深 30 cm（5 年生以内幼树）或 35~40 cm（6 年生以上树），沟内沿在树冠投影内，但不宜离株丛过近，以免伤根。然后施入有机肥料，并与土拌匀，施肥后灌水。带状栽植的榛园，绿肥主要用于灌丛覆盖，待绿肥腐烂后，增加土壤有机质。

(2) 条沟施肥：在成龄树带的两侧开沟施肥，在树冠投影的外缘相对应两侧，挖宽 40 cm、深 40 cm 的平行沟（图 5-68），沟的长度随树龄大小及树冠的大小而变化。第 2 年施肥挖沟的位置应换到另外两侧（图 5-69）。此法也可用于幼树及密植园，适于施基肥。

(3) 穴施：在树冠的外缘挖 6~8 个穴，穴的多少根据树冠大小而定，深宽各 30~40 cm，穴的分布要均匀。此法施基肥和追肥均可采用。

施肥要根据树龄、灌丛大小、土壤肥沃程度以及肥料的种类而定，瘠薄的沙土应多施有机肥，土层深厚、腐殖质含量高的土质可适量少施。基肥施肥量：2~3 年生树，每株施粪肥 7~10 kg；4~5 年生树，每株施 30~40 kg；6~7 年生每株施有机肥 50~60 kg；以后随树龄和产量的增加可适当多施。

图 5-68　秋施基肥挖条沟

图 5-69　沟内施入腐熟有机肥

5. 秋季修剪技术

5.1　秋季拉枝

自然生长的榛树枝条直立(图 5-70),容易导致树冠内部郁闭,光照不良,常形成细弱的内膛寄生枝,不能成花结果。拉枝可开张角度,缓和生长势,促进成花,且可改善内膛光照,有利于立体结果。榛树是灌木,顶端优势弱,故主枝角度不宜过大,60°~70° 即可,辅养枝角度可达 80°。拉枝时可依据树体情况将部分枝牵拉到有较大空间的方位,使树冠匀称。榛树枝干较脆,容易劈裂,故拉枝要小心,先使枝软化后再拉开(图 5-71),必要时需分几次将枝条拉开到所需角度。拉枝绑缚在枝上的细绳要留有活口,防止枝干增粗后绳子勒进枝内。只要将主枝开角后,结果枝组可在主枝的两侧均匀排列,生长势缓和,容易成花结果。

5.2　疏枝

秋季疏枝要以轻为主,在进行拉枝时,对于过密枝、细弱枝可以进行疏除,但疏枝量不宜过大。

图 5-70　拉枝前

图 5-71　拉枝后

四、榛园冬季管理技术

果实采收后，树体逐渐进入休眠期，多种病虫害也在树体上、在榛园内、枯枝落叶、园中杂草等场所潜伏越冬，且越冬位置相对固定，此时是杀灭病虫害，有效压低越冬病虫基数的好时机。因此，做好榛园休眠期病虫防控，对减轻来年病虫害发生程度有着事半功倍的效果。

1. 清理果园

1.1　剪除病虫枝

结合冬季修剪，剪除带虫蛀、虫孔、有虫卵和长势弱、发病严重的枝条，进行集中销毁处理，可有效减少炭疽病、卷叶蛾、白粉病等越冬病虫。

1.2　刮除粗老病皮

利用冬季榛树休眠期，刮除榛树主干分叉以下的粗皮、翘皮，杀灭藏匿在枝干粗皮、翘皮或裂缝中的红蜘蛛、小卷叶蛾等越冬虫源。对检查出的榛树腐烂病、枝干轮纹病、干腐病等枝干病害，及时刮除病斑、病皮。刮时，树下铺设塑料膜，刮下的粗皮、翘皮、病皮带出榛园，集中烧毁。

1.3　处理越冬病虫源

及时将树上枯枝、病虫果、残存等杂物，以及榛园内地面上的剪、刮的枯枝落叶、粗老翘皮、病虫枝、杂草、落果、废果等一切可能为病虫害提供越冬场所的物品，彻底清理出榛园，并集中烧毁，消灭藏匿其中的越冬病原虫。

2. 榛树防寒

榛树日灼、冻害和抽干是目前榛树栽培急需解决的灾害问题（附录 7）。冬季防寒对于预防榛树免受以上灾害有较大作用，下面介绍榛树防寒的主要措施。

2.1 树体涂白

在冬季，由于气温的冷热骤变，树干和大枝的向阳面白天受太阳直射，温度上升，树体吸热；而夜晚没有阳光照射温度急剧下降，树体放热，使树皮组织来不及适应而出现受冻和干枯的现象，我们称日灼。榛树涂白以后有利于日光的反射，使日光直射的热量可反射一部分，这样树体温度就不会上升很快，温度变化相对缓慢，可减少或避免日灼，同时树干涂白可消灭多种在树干翘皮、裂皮内越冬的害虫。涂白剂配制的方法：水 10 份、生石灰 3 份、食盐 0.5 份、硫黄粉 0.5 份（图 5-72），先用水溶化生石灰，滤去渣子，再倒入已溶化的食盐水，最后拌入硫黄粉。食盐起潮解作用，可防涂后干裂剥落，硫黄粉可兼杀病菌及越冬虫卵（图 5-73），涂白剂也可选用商用成品（图 5-74）。涂白可选择在落叶后至土壤结冻前进行。涂白液要干稀适中，以涂刷时不流失为宜，使用时，用毛刷均匀涂抹在树干和大枝上，分杈处也要涂抹（视频 12）（图 5-75、图 5-76）。

视频12
树体防寒—涂白

图 5-72　涂白剂原料

图 5-73　配好涂白剂

图 5-74　商品涂白剂

图 5-75　2 年生幼榛树涂白

图 5-76　5 年生榛树涂白

2.2　根茎培土

新栽的榛树前几年根系相对不太发达，抗逆性较弱，一旦发生冻害对树体影响很大。为避免或减轻冻害发生，入冬前在其根茎部进行培土，创造一个相对保墒、保温的小环境。具体操作是：入冬前在主干的根部培土，堆土也不用过厚，过高，15~20 cm 就可以了（图 5-77），培土的面呈锥形，下表面直径最低 40 cm。注意取土时，要在树行间距榛树根系较远的地方进行，以免弄伤根系或使根系裸露受冻。各种防寒方法可以结合，如灌封冻水后，还可进行根茎处培土（图 5-78）。

图 5-77　根茎处培土

图 5-78 培土结合灌封冻水

2.3 灌封冻水

进入冬季后榛树开始休眠，树体营养开始向根部回流，在这种情况下，对榛园灌封冻水可使土壤储备足够的水分，预防休眠期干旱，提高土壤温度，满足榛树轻微蒸腾作用，而且还可以提高树体越冬能力，减少榛树冻害和抽条的发生。封冻水要求灌透（图 5-79）。

图 5-79 灌封冻水

第六章
Chapter 6

榛园育苗技术

榛树的育苗方式，同其他果树一样，主要有播种育苗（图 6-1）、扦插育苗（图 6-2，图 6-3）、嫁接育苗（图 6-4）、分株育苗、压条育苗等方式。榛树的不同育苗方法，各有其不同的特点，在生产中的应用情况也不同。播种育苗的后代易发生性状分离，不能保持原品种的特性。分株繁殖，破坏了母株的根系，繁殖的苗木根系差，成苗率低。组培繁殖榛苗在我国尚没有取得突破性进展，即使已经组培成功的意大利、美国也因为成本高，很少应用于生产。嫁接繁殖，我国用平榛作砧木，亲和性良好，但平榛为小灌木，平欧杂种榛为大灌木，嫁接后有小脚现象，并且砧木不断地产生根蘖，生产上除根蘖很麻烦，而且嫁接的植株寿命短。目前，我国榛树的育苗以压条繁殖为主。

许多榛树栽培业发达的国家，如意大利和土耳其等国，生产上一直采用压条育苗，效果显著。压条育苗根据母株不同，一种是采用定植 4 年后的榛树，重截选留母株进行单株压条（图 6-5，图 6-6），此种方法繁育苗木质量较高，单位面积经济效益较大。但此类方法因众多果农效仿，果园内树上部产果，下部产苗，果实产量和品质较差，树体衰弱较快，进而导致全国范围内无像样的生产园区，制约榛子产业发展。另一种压条育苗方法由辽宁省果树科学研究所研发，在生产

图 6-1　平榛播种育苗

图 6-2　扦插育苗

图 6-3　扦插生根苗

图 6-4　嫁接育苗

图 6-5　重截母株后利用萌条育苗

图 6-6　锯末围穴压条育苗

上已开始应用。该技术核心点是将果园生产与育苗截然分开。此方法引用苹果砧木的繁育方法，加快苗木繁育速度。一般 3 年以上的成龄苗圃每亩每年可繁育标准苗木 4 000~8 000 株。在繁苗过程中除捆绑铁线、起苗用人工外，其余作业项目全部是机械化。压条苗基部用动力喷雾器喷布生根剂，压条苗培土利用培土机等。此种平欧杂种榛育苗模式从根本上解决了榛树果园繁苗与产果之间的矛盾，且榛树根系营养集中供应育苗，营养生长与结果无竞争矛盾，苗木质量也会大大提高。

一、育苗前管理

1. 育苗地选择

苗圃地的选择，以平地最好（图 6-7）。平地土层深厚肥沃（图 6-8），利于苗木繁殖，也便于管理和机械化作业，可降低管理成本。

2. 母株栽植

栽植以南北为行向，栽植株行距为 1 m × (2~2.5) m。挖定植穴深和宽为 30~40 cm，株距为 0.8~1 m，挖好穴后，将腐熟的有机肥 5 kg 与表土混合后放入穴内深 20 cm 处，回填底土 10 cm，然后栽植株同地面呈 45° 夹角进行斜栽（图 6-9），灌水后覆土。栽后及时定干，根据母株的根系情况定干，干长 60~70 cm。背上芽萌发后，根据长势调整其角度，使背上萌发新梢高度一致（前端新梢高度高于后部新梢高度就降低角度，反之抬高角度）。

图 6-7　优质平地育苗园

图 6-8　苗圃地选择

图 6-9　苗木斜栽

3. 栽植后管理

母株栽植后 4 月下旬、5 月中旬、6 月上旬(图 6-10)各浇水 1 次。6 月下旬,苗木容易被鳞翅目等食叶害虫侵蚀,可采用 10% 吡虫啉可湿性粉剂,45% 乐斯本乳油,20% 三唑酮乳油,配制成 3 000 倍液进行喷洒。栽植当年 6 月末 7 月初开始,每隔 10 d 左右,对生长较高的新梢进行摘心,以利于营养积累,促进母体新梢萌发。在 8 月上旬,选择 35 cm 长的钢筋,将上面 8 cm 弯曲后插入土中,压平斜生枝条(图 6-11),在枝条中上部用弯曲成钩的钢筋或八号铁丝压平固定(图 6-12 至图 6-15)。

图 6-10　7 月份苗木生长状

图 6-11　8 月上旬将苗木放平

图 6-12　钢筋固定物

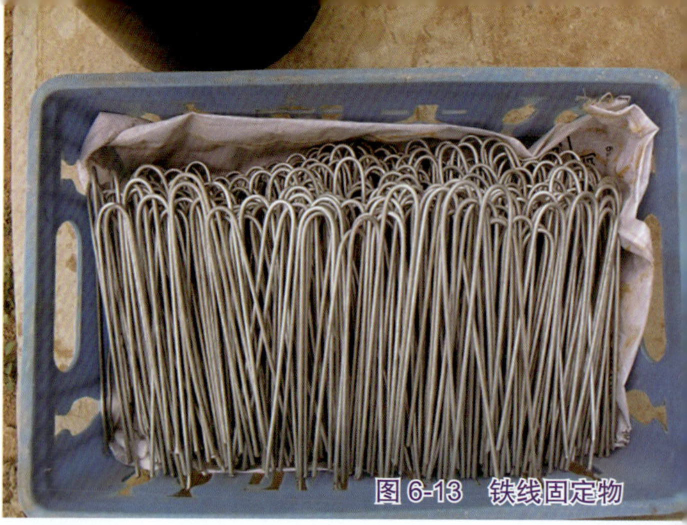

图 6-13　铁线固定物

图 6-14　将压平苗木固定

图 6-15　固定后苗木生长状

4. 重修剪

第二年春季 3 月下旬对苗干上的所有 1 年生枝条进行平茬处理(图 6-16),平茬高度为 3 cm(图 6-17),保留基部 2~3 个芽。在每年春季,要对上年育苗母株起苗后残余在母株上的多余根须、带根茎段等进行清除,以保证当年萌条抽生的数量和质量。

5. 土施肥

春季,对于重修剪后的母株要进行追肥,一般每亩追施硫酸钾 30 kg,复合肥 20 kg;采用开沟撒施即可(图 6-18),施肥后充分灌水,促进萌条生长(图 6-19,图 6-20),育苗前对于萌条要进行中耕除草 1~2 次(图 6-21)。

图 6-16　对母株上一年生枝重短截

图 6-17　剪留 2~3 cm

图 6-18　春季施入高钾复合肥

图 6-19　剪口基部开始萌芽

图 6-20　萌条生长

图 6-21　生长期除草等管理

二、育苗技术

1. 压条时期

压条时期根据萌条高度而定。榛树母株基部平茬枝条隐芽在 4 月中旬开始萌发,5 月中旬开始快速生长,大部分萌条生长量小、细弱。随着时间的推移,6 月份枝条代谢旺盛,生物活性物质含量增高,生长迅速,大部分榛萌条茎粗已达 0.5 cm,长度 60~70 cm,枝条处于半木质化状态,是压条最适时期(图 6-22)。辽宁熊岳地区压条最适时期为 6 月 1 日左右。

另外,生产上可采取相应的管理技术措施促进萌蘖苗发育,如在母株树液萌动期至萌芽前结合浇灌催芽水的同时施用速效性氮肥 1 次,提高母株营养生长速度,促进早发芽,早产生萌蘖苗,缩短萌蘖苗的前期生长时间,可提早育苗,延长根系生长时期,提高优质苗数量。在辽宁地区使用此方法可提前繁育时期 3~5 d。

2. 摘叶疏枝

压条繁育前必须对母树的萌条区进行清理,清除杂草与病弱萌条,把欲压萌条下部的叶片除去(图 6-23),摘叶高度为地面向上 20~25 cm(图 6-24)。对于树基部过于密集细小、高度低于 50 cm 的萌条(图 6-25),要疏去,以保证育苗质量。摘叶疏枝后要清理现场疏去萌条与叶片后再继续下部操作(图 6-26,图 6-27)。

图 6-22　6 月 7 日盖州春林榛树育苗基地

图 6-23　摘叶

图 6-24　摘叶后萌条

图 6-25　疏除细弱萌条

图 6-26　清理育苗区

图 6-27　摘叶疏枝后萌条

3. 横缢处理

榛树压条前横缢的目的是阻止枝条上部的养分和生长素向下运输，促进枝条生根。横缢在摘叶疏枝后进行，目前常用横缢材料是 22~24 号铁丝（图 6-28），铁丝要切割为长 6 cm 左右备用（图 6-29、图 6-30）。它价格低廉，绑缚高度为萌蘖枝距地面 1~3 cm 处（图 6-31、图 6-32），绑缚位置过低会使根系直接扎入土中，导致起苗困难，同时影响母树第二年萌蘖发生数量；绑缚位置过高（4~5 cm），会使基桩年年升高，加大作业难度。铁丝绑缚封口样式见图 6-33。育苗园区较大时，在进行横缢处理操作的过程中（图 6-34），操作完一部分面积，就进行喷施激素和覆土环节，避免枝条横缢太久，导致周边组织黄化，影响苗木生根率。

4. 涂抹激素

榛树压条苗一般都要采用生长素涂抹，刺激苗木生根，因生长素的种类不同，浓度也有所区别。由此可见，枝条生根的难易与生长素含量多少有关，适当增加生长素含量，能促进生根。市场上用于刺激植物生根的激素类药物的种类很多，大部

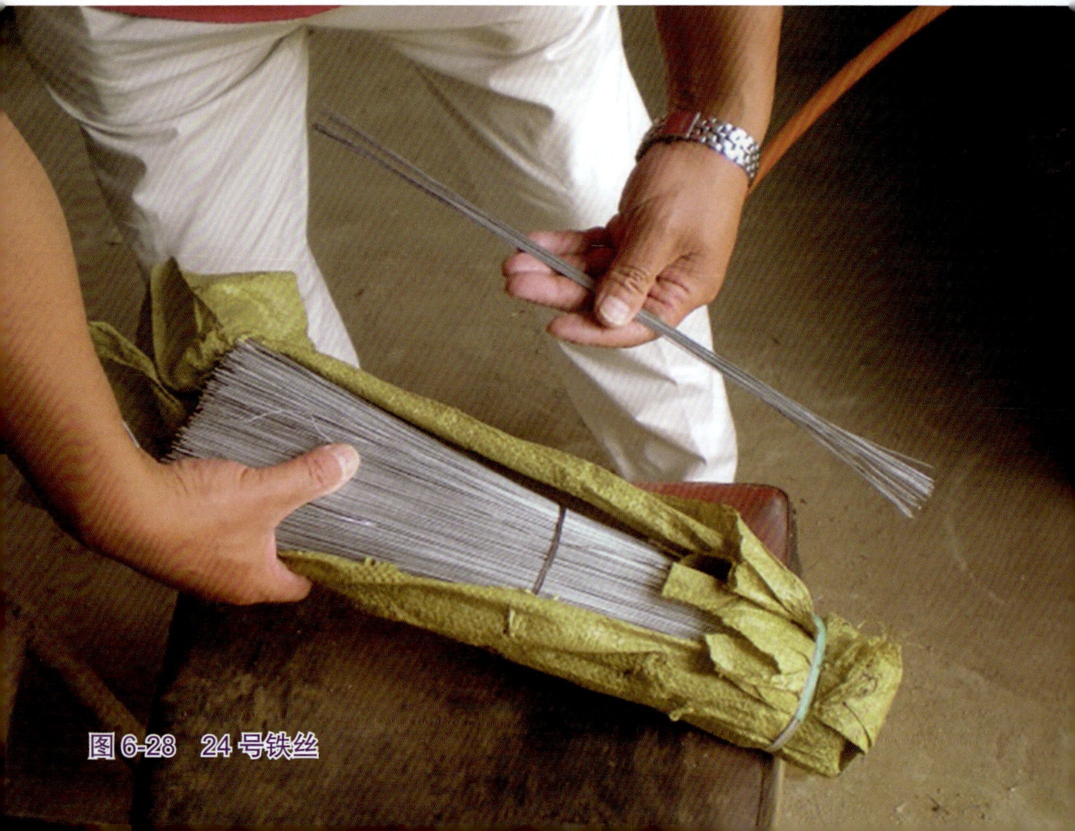

图 6-28　24 号铁丝

图 6-29　切成合适长度

图 6-30　机械处理好铁丝

图 6-31　铁丝横缢

图 6-32　高效简单铁丝横缢方式

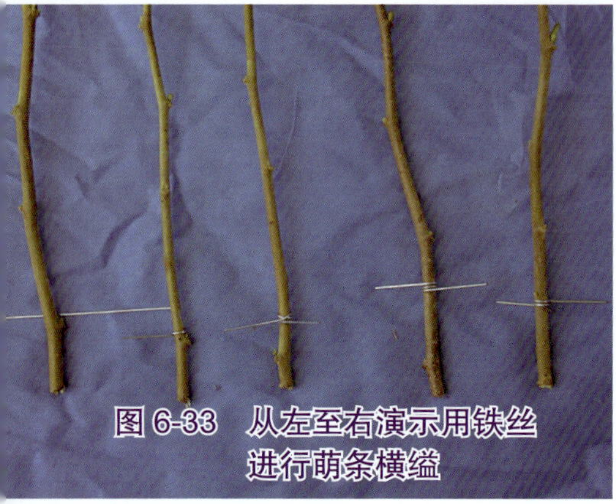

图 6-33　从左至右演示用铁丝进行萌条横缢

图 6-34　全部萌条进行横缢

分效果都很好，但是其价格差别较大。好的生根剂是在保证药剂效果的前提下低成本。目前，生产上应用较多的是吲哚丁酸原药、萘乙酸原药（图 6-35）。使用时，需要将大剂量原药分装（图 6-36），并用酒精溶解后，兑水进行喷施（图 6-37）。

生长素的涂抹方法：生根剂用喷雾器在萌蘖苗横缢口上方喷施，喷施高度为 20 cm（图 6-38），喷施高度过低药效无法得到正常发挥，过高则浪费药剂。一定要做到整个缢伤伤口以及周围区域药剂均匀遍布，绝对不可以出现“断条”或“漏喷”现象，以免影响生根效果。

5. 培土

榛树压条育苗培土的目的是为榛树压条生根提供黑暗和湿润环境，因此，保湿性能较好的锯屑、河沙、土等都有利于压条生根。但从多年重复使用、损耗低、成本少等综合考虑，利用沙土进行育苗，最为省工省效。培土前用小型微耕机先将行间土壤旋耕，将土壤处理疏松，或直接采用拖拉机带动培土机器（图 6-39），直接将土堆于苗木周围，再人工用铁锹将沙土推至进苗丛内部（图 6-40），使内部苗基部被土覆盖，要求土覆盖均匀（图 6-41），丛高度为 25 cm。培土后期灌水，保证土堆湿润。

图 6-35　生长素原药

图 6-36　生长素分装

图 6-37　酒精溶解生长素后倒入水中

图 6-38　喷施横缢口上 20 cm

图 6-39　机器培土，人工配合扶正苗木

图 6-40　机器培土，人工修整

图 6-41　培土后的榛苗

三、压条后管理

1. 土壤管理

在压条任务完成后，若无降雨，则根据墒情每隔 15 d 灌水一次，辽宁熊岳地区 7 月份进入雨季，一般无特别干旱，不再灌水。压条 30 d 后，萌蘖基部喷药部位产生大量乳白色新根（图 6-42），9 月份，根系已经发育完全（图 6-43）。

2. 病虫害防治

榛树育苗园一般很少发生病虫害，若发生，多发病害为白粉病，虫害为蛾类幼虫及榛实象鼻虫等。化学防治方法为在 6 月中旬喷施 10% 吡虫啉可湿性粉剂 2 000 倍液 + 乐斯本 1 000 倍液 +20% 三唑酮乳油 800 倍液，8 月上旬喷洒 50% 多菌灵可湿性粉剂 600~1 000 倍液或 50% 甲基托布津可湿性粉剂 800~1 000 倍液即可。

图 6-42　产生新根

图 6-43　根系发育完全

四、苗木出圃

1. 起苗

苗木出圃时间一般在母株落叶休眠后进行，熊岳地区为 11 月上旬，此时叶片已经脱落。出圃前一周要对全园灌一次透水，保证起苗时基质湿润，降低伤根情况，提高苗木质量。

起苗流程：首先将苗木两侧的土用铁锹铲除，用二齿钩子钩掉苗木周围的土。当苗木周围土壤较少时(图 6-44)，只要轻轻前后晃动即可从横缢处断离(图 6-45)，形成一棵新的苗木(图 6-46)。从母株分离下来的萌蘖苗根据质量进行分级、打捆、系好标签、注明品种，以便于以后销售或者栽植(图 6-47 至图 6-49)。起苗后要用锯屑和周围土在母株根颈处培好土堆，防止根系抽干受冻，影响下一年的萌条数量。苗木分级一般为两级：一级为优质苗，即苗木超过基本要求规格，并且木质化良好，发育充实，苗壮，芽饱满，根系发达；二级是不合格苗，在规格标准以下，需在苗圃内继续培育 1 年。分级标准见表 6-1。

图 6-44　去除两侧浮土

图 6-45　前后、左右晃动，听到响声，抖动浮土，拔出苗木

图 6-46　每行苗木放在行旁边，朝向一侧

图 6-47　苗木分级捆绑

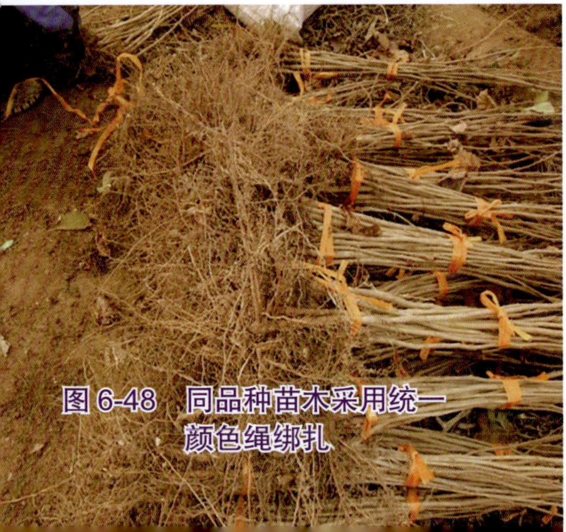

图 6-48　同品种苗木采用统一颜色绳绑扎

图 6-49　苗木捆扎机捆绑苗木

表 6-1 杂种榛树苗木分级标准

等级	地径	苗木高度	根系	芽眼	病害	损伤
一级	0.8 cm 以上	80 cm 以上	发达，侧根长度 15 cm 以上，根系四周分布均匀（图 6-50）	饱满	无	无
二级	0.8 cm 以下	80 cm 以下	发达	饱满	无	无

2. 苗木贮藏

苗木贮藏方法就是用河沙将苗木沙培。方法是：选背阴、排水良好的地方，在地面平铺河沙，厚度达 40 cm，再开始挖沟沙培苗木，沟深、宽各为 30~50 cm，沟长依苗木的多少而定。将苗木成捆地排列在沟内（图 6-51），用湿度 60% 的湿沙覆盖根系和苗茎下部，覆盖后左右晃动苗木，沙土即可与苗木密接，沙培后灌透水，覆盖塑料布后（图 6-52），可盖一层棉毡（图 6-53）。储藏过程中要注意温、湿度管理，保证销售和栽植前苗木处于良好的休眠状态。

3. 苗木运输

外运的苗木，在运输过程中，苗木容易失水，榛树芽苞突出，尤其脆弱，枝条芽在运输中更容易碰伤及碰掉。因此，正规苗圃均将苗木包装后运输，包装箱外写明品种名称及数量，将苗木剪截后（图 6-54），放入箱中，纸箱规格为 100 cm × 40 cm × 40 cm（图 6-55），箱内铺塑料布，将苗木包裹后，再将箱封好（图 6-56）。

图 6-50 一级苗木根系

图 6-51　苗木假植

图 6-52　苗木上盖塑料布

图 6-53　盖棉毡

图 6-54　苗木剪截后装箱

图 6-55　箱内放置塑料布

图 6-56　封箱

附　　录

附录 1　平欧杂种榛优良品种介绍

除第一章介绍的达维、玉坠、B-21、辽榛 3 号、辽榛 6 号等品种外，目前已被审定的还有以下几个优良品种。

1. 辽榛 1 号（育种代号 84-349）

1984 年杂交，1988 年初次入选，2006 年通过国家林木品种委员会认定，定名为辽榛 1 号。果实椭圆形，黄褐色，具沟纹，果实平均重 2.6 g，果壳厚度为 1.3 mm，出仁率 40%，果仁饱满，光洁，风味极香（附录图 1-1、附录图 1-2）。

附录图 1-1　辽榛 1 号

附录图 1-2　辽榛 1 号果实

树势强壮，树姿半开张，雄花序少。在大连 6 年生树高 2.7 m，冠幅直径 2.0 m。该产品丰产性强，一序多果。定植压条苗 2~3 年开始结果，为早结果、早丰产品种。辽宁沈阳 7 年生树单株产量 3.0 kg 以上。辽榛 1 号对肥水要求较高，加强肥培管理会使产量提高。在沈阳 3 月下旬开花，果实成熟期 9 月上旬。

该品种在沈阳、大连越冬均有抽梢现象，说明低温不是越冬的障碍，而冬、春的空气湿度决定该品种是否抽梢。该品种越冬性较强，休眠期可耐 –30 ℃低温，可在年平均气温 10 ℃以上的地区栽培，是中部栽培区优良品种之一。

2. 辽榛 2 号（育种代号 84-524）

1984 年杂交，1990 年入选，2002 年命名。该品种果实大，圆形，黄褐色。平均单果重 2.6 g，果壳较薄，厚度为 1.1 mm，出仁率 46%，果仁光洁，饱满，风味佳（附录图 1-3，附录图 1-4）。

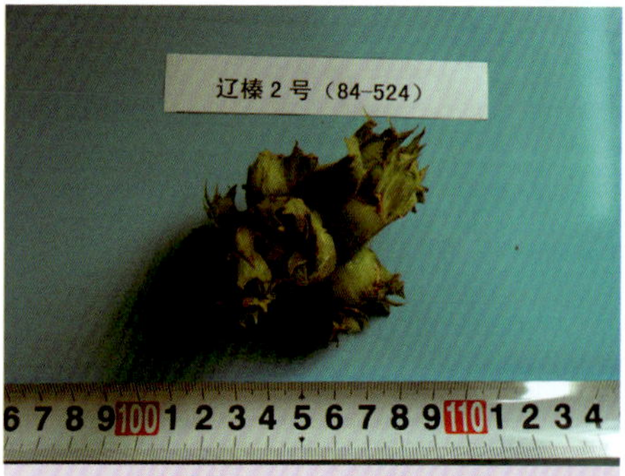

附录图 1-3　辽榛 2 号

附录图 1-4　辽榛 2 号果实

树势较中庸，树姿直立，雄花序少。辽榛 2 号丰产，结实早，定植压条苗 2~3 年开始结果，早期丰产，在山东安丘 6 年生树株产 2.0 kg。该品种在大连 3 月中旬开花，果实成熟期 9 月上旬。

该品种不耐寒，在大连、沈阳常有抽梢现象，需在年平均气温 10 ℃以上地区栽培。也可作杂交育种的亲本。

3. 辽榛 4 号（育种代号 85-41）

1985 年杂交，1991 年初次入选，2006 年通过辽宁省林木良种委员会审定，定名为辽榛 4 号。

果实圆形，金黄色，平均单果重 2.5 g，果壳极薄，厚度为 0.95 mm，出仁率 46%，果仁粗，但果仁无空心，果仁重 1.15 g。出仁率高是其突出特点（附录图 1-5，附录图 1-6）。

树势强壮，树姿半开张，雄花序少。树冠较大，在沈阳 6 年生树高 2.4 m，冠幅直径 2 m。该品种较丰产，在辽宁大连 7 年生以上树株产 3.1 kg 以上。

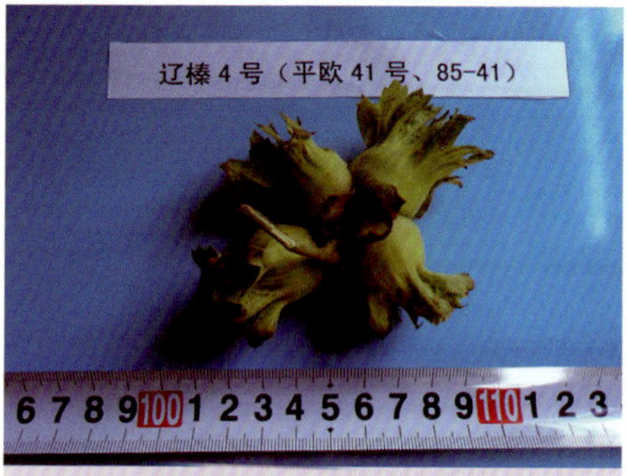

附录图 1-5　辽榛 4 号

附录图 1-6　辽榛 4 号果实

辽榛 4 号越冬性中等，在大连可正常越冬，在沈阳越冬抽干，休眠期可耐 −30 ℃低温，适宜在年平均气温 8 ℃以上地区栽培，可作杂交育种亲本。

4. 辽榛 5 号（育种代号 80-4）

1994 年杂交，2008 年已通过辽宁省林木品种审定委员会审定。树势中庸，树姿半开张，树冠中等。该品种雄花序多，平均单果重 2.7 g，果实三径平均值 2.0 cm，果壳厚度为 1.5 mm，果实扁椭圆形，黄褐色，果仁光洁，出仁率 38%，一序多果，平均每序结果 2.2 粒（附录图 1-7，附录图 1-8）。果实成熟期 8 月中旬，早熟。果实风味特佳，丰产稳产。栽植 6 年生榛树亩产量为 116 kg，盛果期亩产达 160 kg 以上。该品种抗寒性、适应性极强，休眠期可抗 −35 ℃低温。

附录图 1-7　辽榛 5 号

附录图 1-8　辽榛 5 号果实

5. 辽榛 6 号（育种代号 80-13）

辽榛 6 号 1994 年杂交，2008 年已通过辽宁省林木品种审定委员会审定。树势强壮，树姿直立不开张，树冠中大，果苞短。平均单果重 2.3 g，果壳厚度为 1.2 mm，果实圆形，红褐色。果实三径平均值 1.7 cm，果仁光洁，出仁率 44%，一序多果，平均每序结果 2.6 粒（附录图 1-9）。栽植 6 年生树单株产量 1.1 kg，亩产可达 125 kg，盛果期亩产量达 180 kg 以上。该品种早熟，休眠期可抗 −35 ℃低温。

附录图 1-9　辽榛 6 号

6. 81-21(辽榛 8 号)

1981 年杂交,1987 年初次入选,2001 年命名。树势中庸,树姿开张,树冠小,适宜密植。果实圆形,红褐色,具纵条纹,美观。单果重 2.5~2.7 g,果壳薄,出仁率 43%~45%。果仁饱满,光洁、风味香,略带甜味(附录图 1-10,附录图 1-11),在沈阳果实成熟期 8 月中旬。该品种结果早,定植后 2~3 年开始结果,穗状结实,一序多果,丰产,在辽宁桓仁 6 年生树株产 3.1 kg。辽榛 7 号耐寒,休眠期 -38 ℃可以安全越冬,可在年平均气温 3 ℃以上地区栽培。

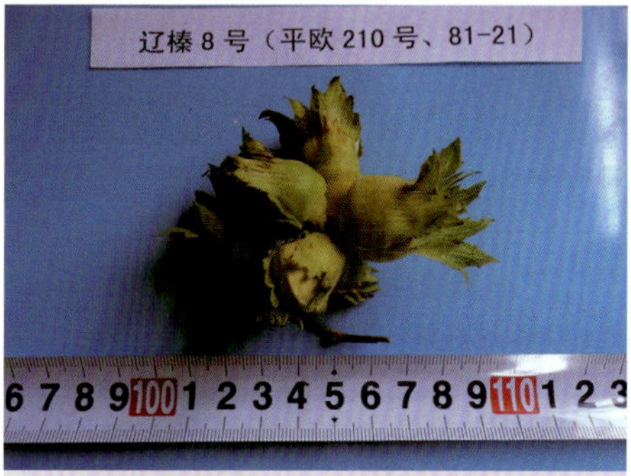

附录图 1-10　辽榛 8 号

附录图 1-11　辽榛 8 号果实

7. 辽榛 10 号(育种代号 85-28)

果实圆形,黄色,果面具纵沟纹。平均单果重 2.8 g,果壳厚度为 1.5 mm,出仁率 40%,果仁光洁,饱满,风味香(附录图 1-12、附录图 1-13)。

树势强壮,树姿直立,雄花序少。该品种在沈阳 6 年生树高 2.5 m,冠幅直径 1.9~2.3 m。辽榛 8 号是早结果,早丰产品种,在辽宁 7 年生树株产 2.7 kg,果实成熟期 8 月下旬。

附录图 1-12　辽榛 10 号果苞

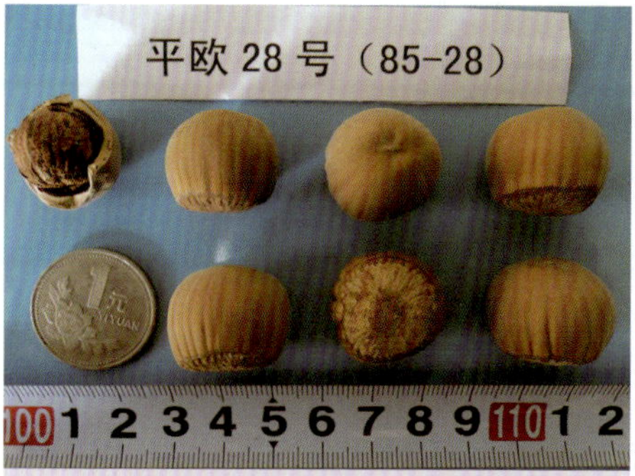

附录图 1-13　辽榛 10 号果实

8. 辽榛 9 号（育种代号 84-69）

1984 年杂交，1990 年初次入选，2001 年命名。

果实圆形，红褐色，果基部突出，具条纹，美观。平均单果重 3.2 g（附录图 1-14）。果壳厚度为 1.4~1.5 mm，出仁率 43%，果仁光洁，饱满，风味上乘。

附录图 1-14　辽榛 11 号果苞

辽榛 9 号树势强壮，树姿开张，雄花序少，树冠大，在沈阳 6 年生树高 3.0 m，冠幅直径 2.0 m。丰产性强，在辽宁沈阳 8 年生树株产 3.1 kg。该品种休眠期 –30 ℃可以安全越冬，可在年平均气温 8 ℃以上地区栽培。

9. 平欧 11 号（育种代号 B-11）

平欧 11 号亲本为平榛 × 欧洲榛。1981 年杂交，1998 年初次入选，2002 年 12 月命名。

果实圆形，黄褐色，平均单果重 2.2 g，果壳厚度为 1.2~1.4 mm，出仁率 43.5%，果仁光洁，饱满，风味佳。

附录图 1-15　B-11 果苞

树势强壮，树姿半开张，直立。8 年生树株高 3.5 m，冠幅直径 1.8 m。丰产，一序多果，平均每序结实 2.5 个（附录图 1-15），8 年生株产 2.1 kg，结实过多，肥料不足时，果仁不十分饱满，需加强肥水管理。在沈阳 3 月下旬开花，果实成熟期 8 月下旬。

该品种越冬性强，在沈阳休眠期 –30 ℃低温越冬正常，可在年平均气温 7 ℃以上地区栽培。为北部栽培区优良品种之一。

附录2 常用农药分类、剂型、稀释与配制

一、农药的分类

1. 按防治对象分类

杀虫剂、杀螨剂、杀菌剂、除草剂、杀线虫剂、杀鼠剂、植物生长调节剂。

2. 按来源及化学成分分类

(1)无机农药:石灰、硫黄、砷酸钙、硫酸铜、磷化铝(规范包装的产品)等。

(2)有机农药:植物性农药(烟草、除虫菊、印楝等)、矿物油农药(石油乳剂等)、微生物农药(苏云金杆菌、农用抗生素等)及人工合成的有机农药。

3. 按作用方式分类

(1)杀虫剂

①胃毒剂。药剂通过害虫的口器及消化系统进入体内,引起害虫中毒死亡,对刺吸口器害虫无效,但对咀嚼式口器害虫有效。药剂如敌百虫,灭幼脲、抑太保,苏云金杆菌、昆虫病毒抑制剂和部分植物源农药、杀鼠剂等。

②触杀剂。药剂通过接触害虫体型渗入体内,使害虫中毒死亡,适用于各种口器的害虫,对于体表具有较厚蜡层保护物的害虫效果不佳。药剂如辛硫磷、马拉硫磷、毒死蜱、抗蚜威、溴氰菊酯、氰戊菊酯。

③熏蒸剂。药剂在常温常压下能气化或分解成有毒气体,通过害虫的呼吸系统进入,导致虫体中毒死亡。熏蒸剂一般应在密闭条件下使用,在温室使用较好,除非在特殊情况下,例如土壤熏蒸,否则在大田条件下使用效果不佳。药剂如敌敌畏、溴甲烷等。

④内吸杀虫剂。药剂通过植物的根、茎、叶或种子,被吸收进入植物体内,并在植物体内输导,害虫为害植物时取食而中毒死亡,对刺吸式口器害虫有效。仅能渗透植物表皮而不能在植物体内传导的药剂,不能称为内吸性药剂。药剂如吡虫啉、乐果、杀虫双、丁硫克百威等。

⑤拒食剂。害虫取食后，拒绝取食而致饿死，如抑食肼。

⑥驱避剂。药剂不具杀虫作用，能使害虫忌避，以减少危害。

⑦引诱剂。药剂引诱害虫前来，再集中消灭，如桃小食心虫诱芯。

⑧昆虫生长调节剂。昆虫生长调节剂是一类特异性杀虫剂，在使用时不直接杀死昆虫，而是在昆虫个体发育时期阻碍或干扰昆虫正常发育，使昆虫个体生活能力降低、死亡，进而使种群灭绝。这类杀虫剂包括保幼激素、抗保幼激素、蜕皮激素和几丁质合成抑制剂等

⑨不育剂。不育剂能破坏害虫正常的生殖功能，使害虫不能正常繁殖达到防治目的。

⑩增效剂。增效剂本身无生物活性，但与某种农药混用时，能大幅度提高农药的毒力和药效。

(2)杀菌剂

①保护性杀菌剂。药剂在病害流行前(即当病原菌接触寄主或侵入寄主之前)施用于植物体可能受害的部位，以保护植物不受侵染的药剂。如石硫合剂、代森锰锌、百菌清、波尔多液等。

②治疗性杀菌剂。在植物染病以后，可用一些非内吸杀菌剂，如硫黄直接杀死病菌；或用具内渗作用的杀菌剂，可渗入植物组织内部杀死病菌；或用内吸杀菌剂直接进入植物体内，随着植物体液运输传导而起治疗作用的杀菌剂。如多菌灵、甲基硫菌灵、甲霜灵、三唑酮、烯唑醇、苯咪甲环唑、丙环唑、嘧菌酯、醚菌酯、霜霉威、烯酰吗啉、霜脲氰、嘧霉胺等。

③铲除性杀菌剂。对病原菌有直接强烈杀伤作用的药剂。这类药剂常因为植物生长期不能忍受，故一般只用于播前土壤处理、植物休眠期或种苗处理。目前应用较多的主要有福美砷、五氯酚钠和石硫合剂。

(3)除草剂按作用方式分类

①选择性除草剂。除草剂在植物间有选择性，能够杀死某些植物，而对另外一些植物安全。药剂如莠去津。

②灭生性除草剂。该类除草剂在不同植物间没有选择性，即对所有植物均有毒害或有抑制作用。例如敌草快。

二、农药的剂型和制剂

1. 原药(Technical material)：未经过加工的农药。由工厂合成未经加工的农药，一般有效成分含量很高。固体的称原粉，液体的称原油。

2. 农药制剂(Pesticide Preparations):将一种农药加工制成多种不同用途、组成及含量的产品。

3. 农药剂型(Pesticide Formulations):具有一定形态、组成及规格的农药原药的加工形态。如乳油、可湿性粉剂、粉剂、粒剂等。

视频13
农药常见剂型

农药制剂由3部分组成,即有效成分含量、有效成分名称和剂型(扫描附录图2-1二维码)。如敌敌畏乳油(DDVp EC)有50%、70%、80%等不同规格的制剂;有效成分含量如50%乐果乳油,有效成分名称如5%丁草胺颗粒剂;加工制剂类型如25%多菌灵可湿性粉剂(附录图2-1)。

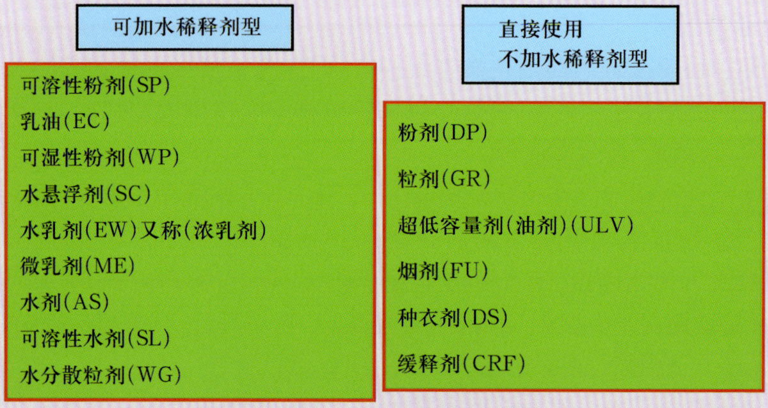

附录图2-1 农药常用剂型

三、农药的发展方向

农药剂型的发展方向。

1. 以水替代现有制剂中使用的有机溶剂,以降低毒性,减轻药害和环境污染,使之变成非危险品;

2. 将微粉剂造粒,以防止人吸入粉尘和漂移;

3. 控制药剂的释放,改进施用方法等,从而使制剂功能化。

四、榛树上防治有害生物禁止使用的药剂

2021年国内禁止生产销售和使用的46种农药分别为：六六六、滴滴涕、毒杀芬、二溴氯丙烷、杀虫脒、二溴乙烷、除草醚、艾氏剂、狄氏剂、汞制剂、砷类、铅类、敌枯双、氟乙酰胺、甘氟、毒鼠强、氟乙酸钠、毒鼠硅，甲胺磷、甲基对硫磷、对硫磷、久效磷、磷胺、苯线磷、地虫硫磷、甲基硫环磷、磷化钙、磷化镁、磷化锌、硫线磷、蝇毒磷、治螟磷、特丁硫磷、氯磺隆，福美胂、福美甲胂、甲磺隆、胺苯磺隆、三氯杀螨醇、硫丹、林丹、氟虫胺、八氯二丙醚(农药增效剂)、杀扑磷(已无制剂登记)、百草枯(水剂、可溶胶剂)、有效成分含量30%以下草甘膦混配水剂、2,4滴丁酯。

五、农药稀释与配制

1. 农药制剂常见含量的表示方法

重量百分比含量：制剂中有效成分的重量占总重量的百分比(视频14)。

视频14
固体类剂型农药的配制

例如：一袋100 g的如10%吡嘧磺隆可湿性粉剂，表示含有100×10%=10 g的吡嘧磺隆除草剂有效成分，其余的90 g为农药助剂和填料。重量体积比含量：制剂中有效成分的重量与制剂的总体积比。

例如：480 g/L异恶草松乳油，表示每L制剂中含有异恶草松有效成分480 g，其他特殊单位的表示方法有活性单位/g或活性单位/mL。

对于生物菌剂等采用单位重量或单位体积所含有的活性单位的数目来表示含量。

例如：80亿个/g白僵菌粉剂表示每g制剂中含有80亿个白僵菌孢子，100亿个/mL白僵菌油悬浮剂表示每mL制剂中含有100亿个白僵菌孢子。

2. 农药浓度的表示方法及换算

(1) 农药有效成分用量表示方法

国际上普遍采用单位面积有效成分用药量，即克有效成分/公顷[g(ai)/hm^2]

表示方法。现在主要是用在科学实验方面标准的表示方法。如我们登记申请的田间试验报告中必须用此种表示方法。

换算公式为：制剂用量 = 有效成分用量 ÷ 制剂含量。

换算例子：用氰戊菊酯防治棉花害虫时有效成分用量为 80~160 g(ai)/hm^2，表示：防治每公顷棉花田害虫需要使用有效成分 80~160 g 氰戊菊酯，如使用 20% 含量的氰戊菊酯乳油则需要多少克(视频 15)。

视频 15
液体农药剂型配制

(2) 农药商品用量方法

现行标签上的主要表示方法一般表示为 g(mL)/hm^2 或 g(mL)/ 亩。

换算公式为：有效成分用量 = 制剂用量 × 制剂含量。

换算例子：防治大豆禾本科杂草需用 20% 烯禾啶乳油 1 000~1 500 mL/hm^2 或 67~100 mL/ 亩。则可算出防治每公顷大豆禾本科杂草需要烯禾啶有效成分。

(3) 倍数法

例如：配制 50% 多菌灵可湿性粉剂 800 倍，即 1 kg 50% 多菌灵制剂加水 800 kg(严格应加 799 kg 水)，即可得 800 倍药液。在应用倍数法时，通常采用两种方法：

内比法：在稀释 100 倍以下时，稀释量要扣除原药所占的 1 份，如稀释 60 倍，即原药剂 1 份加稀释剂 59 份。

外比法：在稀释 100 倍以上时，计算稀释量不扣除原药剂所占的 1 份，如稀释 1 000 倍，即原药 1 份加稀释剂 1 000 份。

3. 农药的配制

(1) 二次稀释法

母液是先按所需药液浓度和药液用量计算出的所需制剂用量，加到一容器中(事先加入少量水或稀释液)，然后混匀，配制成高浓度母液，然后将它带到施药地点后，再分次加入稀释剂，配制成使用形态的药液。母液法又称 2 次稀释法，它比一次稀释法药效好得多，特别是乳油农药，采用母液法可配制出高质量的乳状液。此外，可湿性粉剂、油剂等均可采用母液法配制稀释液。

(2) 选用优良稀释剂

原药易受钙、镁离子的影响，发生分解反应，降低其乳化和湿展性能，甚至使原药分解失效。因此，用含钙离子、镁离子少的软水配制液体农药，能显著提高药液的质量。

(3)改善和提高药剂质量

乳油农药在贮存过程中,若发生沉淀、结晶或结絮时,可以先将其放入温水中溶化、并不断振摇,加入一定量的湿展剂,如中性洗衣粉,可以增加药液的湿展和乳化性能。水剂稀释时,加入有乳化和湿展作用的物质,能使施药效果更好。

附录3　榛园常用农药及病虫害防治

一、榛园常用农药及特点

1. 石硫合剂

石硫合剂的主要成分是多硫化钙，具有渗透和侵蚀病菌及害虫表皮蜡质层的能力，喷洒后在植物体表形成一层药膜，保护植物免受病菌侵害，适合在植株发病前或发病初期喷施。石硫合剂防治谱广，不仅能防治多种果树的白粉病、黑星病、炭疽病、腐烂病、流胶病、锈病、黑斑病，而且对果树红蜘蛛、锈壁虱、介壳虫等病虫防治也有效。

2. 阿维菌素

阿维菌素的商品名有齐螨素、海正灭虫灵、爱福丁、虫螨杀星、虫螨克星等，是一种中等毒性的杀虫、杀螨剂，具有触杀和胃毒作用，无内吸作用，但在叶片上有很强的渗透性，可杀死叶片表皮下的害虫。阿维菌素不杀卵，但对害虫的幼虫、害螨的成螨和幼若螨高效，可用于防治榛树黄达瘿蚊、象鼻虫等。

注意：该药对蜜蜂、捕食性和寄生性天敌昆虫有一定的直接杀伤作用，不要在果树开花期施用。该药对鱼类高毒，应避免污染湖泊、池塘、河流等水源。果实采收前 20 d 停止使用。

3. 吡虫啉

吡虫啉的商品名有优高巧、艾美乐、一遍净、蚜虱净等，是一种内吸广谱型杀虫剂，在植物上内吸性强，对刺吸式口器的蚜虫、叶蝉、蚧壳虫、蝽类有较好的防治效果；对蜜蜂有害，禁止在花期使用，采收前 15~20 d 停止使用。

4. 啶虫脒

啶虫脒的商品名有莫比朗、聚歼、蚜终、蚜泰、比虫清等，具有触杀和胃毒作用，在植物体表面渗透性强。该药高效、低毒、持效期长，可防治各种蚜虫、椿象、介壳虫、叶蝉。在桃蚜、桃瘤蚜、粉蚜发生初盛期，用 3% 啶虫脒乳油 1 500~2 000 倍液均匀喷雾，可兼治叶蝉、椿象和介壳虫。

5. 灭幼脲

灭幼脲具有胃毒、触杀作用，无内吸性，杀虫效果比较缓慢，能抑制害虫体壁组织内几丁质的合成，使幼虫不能正常脱皮和发育变态，造成虫体畸形而死。该药剂主要用于防治鳞翅目害虫（潜叶蛾、黄刺蛾、扁刺蛾、苹掌舟蛾、苹小卷叶虫，其中潜叶蛾、苹小卷叶虫最为常见）。

6. 氟虫脲

氟虫脲又名卡死克，是一种杀虫、杀螨剂。该药主要抑制昆虫表皮几丁质的合成，使昆虫不能正常脱皮或发育变态而死；主要杀幼虫和幼若虫，不杀成螨，但成螨受药后产下的卵不能孵化，可有效防治果树上的多种鳞翅目害虫和螨害。应在其卵期和低龄幼虫期喷药，注意事项同灭幼脲。

7. 氯虫苯甲酰胺

氯虫苯甲酰胺的商品名有康宽、奥得腾等。该杀虫剂是一种微毒高效的新杀虫剂，对害虫以胃毒作用为主，兼具触杀作用，对鳞翅目初孵幼虫有特效。该药杀虫谱广，持效期长；对有益昆虫、鱼虾也比较安全；防治卷叶蛾、食心虫、毛虫、刺蛾等鳞翅目害虫；在成虫发生盛期后 1~2 d，用 35% 氯虫苯甲酰胺水分散粒剂 8 000~10 000 倍液均匀喷洒枝叶和果实。

8. 螺虫乙酯

螺虫乙酯的商品名为亩旺特，是一种新型杀虫、杀螨剂，具有双向内吸传导性，可以在整个植物体内向上向下移动，抵达叶面和树皮。该药高效广谱，持效期长，有效防治期可长达 8 周，可有效防治各种刺吸式口器害虫，如蚜虫、叶蝉、介壳虫、绿盲蝽等，对瓢虫、食蚜蝇和寄生蜂比较安全。

9. 氟啶虫胺腈

氟啶虫胺腈的商品名有可立施、特福力等，是一种新型内吸性杀虫剂，可经叶、茎、根吸收而进入植物体内，具有触杀、胃毒作用，广谱、高效、低毒，持效期长，可用于防治绿盲蝽、蚜虫、介壳虫、叶蝉等刺吸式口器害虫。

注意：该药直接喷施到蜜蜂身上对蜜蜂有毒，在蜜源植物和蜂群活动频繁区域，喷洒该药剂后需等作物表面药液彻底干透，才可以放蜂。

10. 功夫菊酯

功夫菊酯又名功夫，为拟除虫菊酯类杀虫剂，具有触杀、胃毒作用，击倒速度快，杀卵活性高。该药杀虫谱广，可用于防治桃树上的梨小食心虫、卷叶蛾、刺蛾、毛虫类、茶翅蝽、绿盲蝽、蚜虫、介壳虫等大多数害虫，对人、畜毒性中等，对果树比较安全。

注意：本药剂对蜜蜂有毒，对家蚕、鱼类高毒，禁止在果树花期使用，使用时不可污染水域或养蜂、养蚕场地。害虫易对该药产生抗药性，不易连续多次使用，应与螺虫乙酯、吡虫啉、氯虫苯甲酰胺交替使用。

11. 高效氯氰菊酯

高效氯氰菊酯的商品名有高灭灵、歼灭、高效灭百可、高效安绿宝、奋斗呐等，具有触杀、胃毒作用和高杀卵活性，杀虫谱广，击倒速度快。防治对象和注意事项同功夫菊酯。

12. 哒螨灵

哒螨灵的商品名有哒螨酮、速螨酮、哒螨净、速克螨、扫螨净、螨斯净等，为广谱、触杀性杀螨剂，对螨卵、幼螨、若螨和成螨都有很好的杀灭效果，速效性好、持效期长，可在螨害大发生期施用，可用于防治多种植物害螨，但对二斑叶螨防效很差。注意：对哺乳动物毒性中等，对鸟类低毒，对鱼、虾和蜜蜂毒性较高。禁止在果树花期使用。

13. 三唑锡

三唑锡的商品名优北乐霸、三唑环锡、螨无踪等，具有强触杀作用，可杀灭幼若螨、成螨和夏卵，对冬卵无效。杀螨谱广、速效性好、残效期长，可有效防治多种果树螨虫。

注意：该药剂不能与波尔多液、石硫合剂等碱性农药混用，与波尔多液的间隔使用时间应超过 10 d，对鱼毒性高，使用时不要污染水源。

14. 甲基硫菌灵

甲基硫菌灵又名甲基托布津，是一种广谱内吸性杀菌剂，具有预防、治疗作用，能防治多种果树真菌性病害，如褐腐病、炭疽病、疮痂病、根腐病等。采收前 14 d 停止使用。

15. 苯醚甲环唑

苯醚甲环唑的商品名有恶醚唑、敌委丹、世冠、世高、真高等，为广谱内吸性杀菌剂，施药后能被植物迅速吸收，药效持久。该药可防治白粉病、锈病。

16. 腈苯唑

腈苯唑又叫唑菌腈、苯腈唑、应得等，是一种广谱内吸性杀菌剂，能阻止病菌孢子侵入和抑制菌丝生长。该药在病菌潜伏期使用，能阻止病菌的发育；在发病后使用，能使下一代病菌孢子失去侵染能力，具有预防和治疗作用；可有效防治锈病和褐腐病。

17. 己唑醇

该药具有内吸、保护和治疗活性。杀菌谱广，可有效防治白粉病、锈病、褐斑病、炭疽病等。

18. 嘧菌酯

嘧菌酯的商品名有阿米西达、安灭达等，是一种新型内吸性杀菌剂，能被植物吸收和传导，具有保护、治疗和铲除效果。该药高效、广谱，可有效防治褐腐病、炭疽病、叶斑病等。于发病前，用 25% 悬浮剂 500~800 倍液喷雾。采收前 7 d 停止使用。

19. 三唑酮（粉锈宁、粉锈灵、百里通）

三唑酮是内吸性较强的三唑类杀菌剂，对锈病、白粉病有预防、铲除、治疗、熏蒸作用，对高等动物低毒，对蜜蜂和家蚕无害，对天敌和有益生物安全。制剂主要有 20% 乳油，5%、15%、25% 可湿性粉剂，15% 烟雾剂。榛园白粉病的发病初期喷洒 20% 三唑酮乳油 800~1 000 倍液可以实现有效的防治。

二、榛园常见病虫害及化学防治一览表

附录表 3-1　榛园常见病虫害及化学防治一览表

病虫害名称	商品名及毒性	剂型及毒性	作用方式	应用浓度	防治虫态次数	施药部位
榛卷叶象甲	辛硫 · 三唑磷(中毒)	20% 乳油	触杀	500 倍液	成虫	树冠
	敌敌畏(中毒)	80% 乳油	熏蒸、内吸	1 000 倍液	成虫	
	辛硫磷(低毒)	50% 乳油	内吸	800 倍液	幼虫和卵	
	溴氰菊酯(低毒)	2.5% 乳油	内吸	2 000 倍液	成虫	
地老虎	敌百虫(低毒)	80% 乳油	内吸	1 000 倍液	幼虫蛹	根际
蒙古象甲	辛硫 · 三唑磷(中毒)	20% 乳油	触杀	500 倍液	成虫	地表
大灰象甲	辛硫 · 三唑磷(中毒)	20% 乳油	触杀	500 倍液	成虫	地表
榛黄达瘿蚊	高氯菊酯(中毒)	2.5% 乳油	触杀	1 000 倍液	成虫	地表、树冠
	氯氰菊酯(中毒)	20% 乳油	触杀	1 000 倍液	成虫	地表、树冠
	氰戊菊酯(中毒)	20% 乳油	触杀	1 000 倍液	幼虫	树冠
	辛硫磷(中毒)	50% 乳油	触杀	800 倍液	幼虫	树冠
榛实象鼻虫	高氯菊酯(中毒)	4.5% 乳油	触杀	1 000 倍液	成虫	地表、树冠
	敌敌畏(中毒)	80% 乳油	熏蒸、内吸	1 000 倍液	成虫	地表、树冠
	辛硫磷(低毒)	50% 乳油	内吸、触杀	800 倍液	幼虫和卵	树冠
	腈松乳剂	50% 乳油	内吸	400 倍液	幼虫和卵	树冠
	氯丹乳剂	50% 乳油	内吸	400 倍液	幼虫和卵	树冠
	灭扫利(中毒)	20% 乳油	内吸	2 000 倍液	成虫	树冠
	乐斯本(低毒)	48% 乳油	内吸	800 倍液	成虫	树冠

续附录表 3-1

病虫害名称	商品名及毒性	剂型及毒性	作用方式	应用浓度	防治虫态次数	施药部位
舞毒蛾、折带黄毒蛾、榛尺蠖、刺蛾类、木蠹蛾、果苞驻蛾、疣纹蝙蝠蛾等蛾类	毒死蜱（中毒） 吡虫啉（低毒） 辛硫磷（低毒）	40% 乳油 5% 乳油 50% 乳油	胃毒、熏蒸 内吸 内吸	800 倍液 800 倍液 800 倍液	幼虫 幼虫 幼虫	树冠 树冠 树冠
蝼蛄	敌百虫（低毒） 敌杀死（中毒）	80% 乳油 2.5% 乳油	内吸 内吸	1∶5 1∶5	为害阶段 虫态	地表土 地表土
黑绒金龟	乐果（中毒） 敌百虫	40% 乳油 80% 乳油	内吸 内吸	200 倍液 1 000 倍液	成虫 幼虫	树冠 根部
苹毛金龟子	久效磷（高毒）	50%	内吸 内吸	200 倍液	幼虫 成虫	地表、树冠 地表、树冠
铜绿金龟子	久效磷 乐果	50% 50% 乳剂	内吸 内吸	500 倍液 800 倍液	成虫 成虫	地表、树冠 地表、树冠
介壳虫	石硫合剂 乐果乳剂（中毒） 敌敌畏（高毒）	80% 乳油 40% 乳剂 50% 乳油	内吸 内吸 熏蒸 内吸	1 000 倍液 200 倍液 1 000 倍液	幼虫蛹 成虫、幼虫 成虫	根际 树冠 树冠
水木坚介壳虫	石硫合剂 杀螟松（中毒）	80% 乳油 50% 乳油	内吸 内吸	1 000 倍液 1 000 倍液	幼虫蛹 成虫	根际 树冠
白粉病	三唑酮 石硫合剂	20% 乳油 0.3~0.5 波美度	杀菌 保护	700 倍液	5 月上旬，6 月上旬 2~3 次	地表、林冠
立枯病、根腐病	敌克松（低毒） 代森铵（低毒）	50% 乳剂 50% 粉剂	杀菌 杀菌	500 倍液 500 倍液	5 月上旬，6 月上旬 2~3 次	地表、树冠 地表、树冠

续附录表 3-1

病虫害名称	商品名及毒性	剂型及毒性	作用方式	应用浓度	防治虫态次数	施药部位
榛轮纹叶枯病	腐霉利(低毒) 异菌脲(低毒) 噻菌灵(低毒)	50% 粉剂 50% 粉剂 45% 悬浮剂	杀菌 杀菌 杀菌	2 000 倍液 1 500 倍液 3 000 倍液	10~15 d 防 治 1 次	树冠 树冠 树冠
榛果褐苞病	甲基硫菌灵(低毒) 苯醚甲环唑(低毒) 氢氧化铜	70% 粉剂 70% 粉剂 80% 粉剂	杀菌 保护 杀菌	500 倍液 800 倍液 800 倍液	5~6 个月喷 2 次	地表、树冠 地表、树冠 地表、树冠
幼树除草	精喹禾灵 乙氧氟草醚 氟吡甲禾灵	5% 乳油 24% 乳油 10.8% 高效	50 g/ 亩 50 mL/ 亩 50 mL/ 亩	水 60 斤 50 斤 60 斤		地表 地表 地表
成树除草	草甘膦 乙氧氟草醚 氟吡甲禾灵	50% 粉剂 24% 乳油 10.8% 高效	400 mL/ 亩 50 mL/ 亩 50 mL/ 亩	60 斤 50 斤 60 斤	2~3 次，5~7 d 1 次	地表 地表 地表
菟丝子	仲丁灵 菟丝灵 + 有机硅 + 乙羧氟草醚	48% 仲丁灵	100~200 倍液 2~3 袋菟丝灵	30 斤	一周 1 次，打 2 次	土壤处理 上树(破坏菟丝子出浆液后喷药)

三、榛园常用诱杀害虫方法

诱杀是根据害虫的趋光性、趋化性等习性，把害虫诱集杀死的一种方法。其方法简便易行、投资少、效果好，不仅减少榛农生产的用药成本，且减少榛果产品农药残留量，并提高产品的质量，是发展无公害榛子的主要技术措施之一。诱杀方法有多种，总结见附录表 3-2。

附录表 3-2　榛园害虫常用物理防治方法

诱杀方法	诱杀害虫种类	操作方法
黑光灯（视频 16） 视频16 家用杀虫灯使用	诱杀夜蛾、斜纹夜蛾、小地老虎、烟青虫、豆荚螟、蝼蛄、金龟子、棉铃虫等成虫	在夜蛾成虫盛发期夜晚开灯诱杀成虫，每 30~45 亩榛地堆一个高 1 m 左右的土堆，在土堆上放置盆，盒内盛半盆水并加入少许煤油，在水盆上方离水面 20 cm 处挂一盏 20 W 的黑光灯，每晚 9 点至次日凌晨 4 点开灯，天气闷热，无月光、无风的夜晚诱杀效果更好
糖醋液（视频 17） 视频17 糖醋液的配制与使用	诱杀斜纹夜蛾、银纹夜蛾、小地老虎等成虫	用糖 3 份、醋 4 份、酒 1 份和水 2 份，配成糖醋液，并按 5% 加入 90% 晶体敌百虫，然后把盛有毒液的盆放在榛地里高 1 m 的土堆上，每亩放糖醋液盆 3 只，白天盖好，晚上揭开
树枝	烟青虫、棉铃虫、黏虫、斜纹夜蛾、银纹夜蛾等成虫	将长约 60 cm 的杨树枝、柳树枝、榆树枝按每 10 枝捆成一束，基部一端绑一根小木棍，每亩插 5~10 束枝条，并蘸 95% 的晶体敌百虫 300 倍液

续附录表 3-2

诱杀方法	诱杀害虫种类	操作方法
性诱杀	蛾类雄蛾	用 50~60 目防虫网制成一个长 10 cm、直径 3 cm 的圆形笼子，每个笼子里放两头未交配的雌蛾（可先在田间采集雌蛹放在笼里，羽化后待用），把笼子吊在水盆上，水盆内盛水并加入少许煤油，在黄昏后放于田中，每晚可诱杀很多的雄蛾
黄板	蚜虫成虫、榛瘿蚊	黄板可直接从市场购买，也可自己制作。用油漆将硬纸板涂为黄色，套上透明塑料袋，再涂上一层黏油（用 10 号机油加少许黄油调匀），每隔 10 d 需重新涂抹一次黏油。黄板可诱杀成虫，每亩榛地的行间竖立放置 10~15 块板。还可提供粉虱发生情况的监测
毒饵	蝼蛄、地老虎	在幼虫发生期间，采集新鲜嫩草，把 90% 晶体敌百虫 50 g 溶解在 1 kg 温水中，然后均匀喷拌到嫩草上，于傍晚放置在被害株旁和撒于作物行间，进行毒饵诱杀

附录 4　石硫合剂的科学熬制和正确使用

1. 配方

生石灰 1 kg，硫黄粉 2 kg，水 13~15 kg。

2. 熬制方法

锅内先加入足量的水，记住此时的水面高度，此水面高度即成时保持的液面高度。等水烧开以后，把预先用温水化成稠糊状的硫黄倒进锅内，硫黄糊下锅后不要急于下生石灰，等水再次烧开时再逐块从锅边轻轻放入生石灰。这样下料，硫黄全部漂浮在水面上，遇到石灰能充分化合。如果温水下入硫黄，硫黄易沉于锅底；第 2 次锅不开就下生石灰，因为锅内硫黄的温度不够高，与石灰发生化学反应不剧烈、不充分，锅底容易沉淀石灰残渣，浪费原料。石灰下锅后，边熬边搅拌，继续用大火熬煮 45 min，待药液变成红褐色即可停火。熬制过程中随时用开水补充蒸发的水量，使标记的水面高度保持不变。停火后马上起锅用纱袋过滤，除去渣子，即为石硫合剂原液。除原料质量外，熬煮过程中的火力和反应时间对质量有很大影响。时间太短、火力不足，反应不完全，母液颜色较淡；反应时间过长，剧烈搅拌，反应生成的多硫化钙又被氧化破坏，母液质量也差。实践表明，用此法熬制的石硫合剂，原液一般可达到 22~24 波美度，好的可达 30 波美度。1 kg 硫黄熬制石硫合剂原液 5~6 kg，此法比常规熬制方法出药大、浓度高（视频 18）。

视频 18
石硫合剂熬制

3. 浓度测定

熬制好的原液有效成分为多硫化钙，常用波美比重表示浓度，用波美比重计测量浓度大小。农村有些地方难买到波美比重计，这里介绍一种简单的测量方法：取一个透明玻璃杯，称其重量，标记为 M_1，倒入 1 kg 清水，在瓶外水面处画一记号，然后将清水倒掉，注入石硫合剂母液至记号处，称重，标记为 M_2，则瓶中石硫合剂母液波美度为 $[146-(M_2-M_1)]\div(M_2-M_1)$（视频 19）。

视频 19
石硫合剂浓度测定

4. 稀释倍数

用原液稀释所需要的浓度，只需在原液中加入定量的水搅拌均匀即可。以重量为单位计算加水倍数，加水倍数 = 原液波美度 ÷ 所需药液波美度 –1，例如：原液为 24 波美度，要配成 3 波美度液，加水倍数则为：24 ÷ 3–1=7，即 1 kg 24 波美度原液加水 7 kg 可配成 3 波美度液（视频 20）。

视频 20
石硫合剂稀释

5. 用药时间

早春大风天气较多，尤其是下午风比较大，最好选择在晴天上午 9：00—11：00 喷药，否则药液会随风飘散，无法喷布均匀，影响防治效果。萌芽前喷药要仔细周到，从树梢到树冠下地表土，以树体药液呈淋洗状为宜。

6. 合理混用

石硫合剂为碱性农药，不可与其他忌碱农药混用。否则，酸碱中和，药效降低，起不到防病治虫的作用。石硫合剂通常是单独使用。波尔多液虽然是碱性农药，但也不能与石硫合剂混合使用。因为二者混合后发生化学反应，不但降低药效，还容易导致药害。如果确实需要与波尔多液前后间隔使用，也要有充足的时间间隔：先喷石硫合剂，需间隔 10~15 d 再喷波尔多液；先喷波尔多液，则要间隔 20 d 才能喷石硫合剂。此外，石硫合剂也不可与其他铜制剂，以及含有锰、锌等治疗缺素症的药液混用。

7. 妥善保管

熬制较多，一次用不完的原液，要贮藏于陶瓷坛内，表面加一层煤油或机油，使之与空气隔绝，然后加盖密封，这样可以长期保存不变质。

附录 5　果树常用肥料种类和性质

肥料种类与性质不同，施入土壤后的转化也各异，对果树年周期中各生育阶段的营养作用及其后效差异很大。因此，了解和掌握各种肥料的合理施用，对果树养分平衡供应，提高肥效至关重要。根据当地果园土壤肥力状况、肥料资源与特性、果树种类与需肥规律、土壤测试结果等诸多因素来确定肥料种类。可选用单质或复合肥料来自行配制配方肥料，也可直接购买成品的多元复混配方肥料。果树配方常用的肥料种类主要有两大类：一是有机肥料，二是化学肥料。

一、化学肥料

1. 氮肥

包括碳酸氢铵、尿素、硝铵、氨水、氯化铵、硫酸铵等。

碳酸氢铵又叫重碳酸铵，含氮 17% 左右，在高温或潮湿的情况下，极易分解产生氨气挥发，呈弱酸性反应，为速效肥料。

尿素含氮 46%，是固体氮肥中含氮最多的一种。肥效比硫酸铵慢些，但肥效较长。尿素呈中性反应，适合于各种土壤。一般用作根外追肥时，其浓度以 0.1%~0.3% 为宜。

硫酸铵含氮素 20%~21%。每 kg 硫酸铵的肥效相当于 60~100 kg 人粪尿，易溶于水，肥效快，有效期短，一般 10~20 d。该肥呈弱酸性反应，多用作追肥。

2. 磷肥

即以磷素营养元素为主要成分的化肥，包括普通过磷酸钙、钙镁磷肥等。

钙镁磷肥含磷 14%~18%，微碱性，肥效较慢，后效长；若与作物秸秆、厨余垃圾、厩肥等制作堆肥，在发酵腐熟过程中能产生有机酸而增加肥效，宜作基肥用；适于酸性或微酸性土壤，并能补充土壤中的钙、镁微量元素的不足。

3. 钾肥

以钾元素为主要成分的化肥，目前施用不多，主要品种有氯化钾、硫酸钾、硝酸钾等。

硫酸钾含钾 48%~52%。主要用作基肥，也可作追肥用，宜挖沟深施，靠近发根层收效快。用作根外追肥时，该肥使用浓度应不超过 0.1%。呈中性反应，不易吸湿结块，一般土壤均可施用。进入果期的果树在果实膨大期需要较大量的硫酸钾。

4. 复合肥

即肥料中含有两种肥料三要素（氮、磷、钾）的二元复混肥料和含有氮、磷、钾三要素的三元复混肥料。其中混肥在全国各地推广很快。

国际上通常按氮（N）－磷（P_2O_5）－钾（K_2O）的顺序，分别用阿拉伯数字表示，称为肥料规格或肥料配方。例如 15-15-15 表示含 N、P_2O_5、K_2O 各 15%，总养分为 45% 的三元复混肥。18-46-0 表示含氮（N）18%，含磷（P_2O_5）46%，不含钾，总养分为 64% 的氮磷二元复混肥。

5. 中微量元素肥料

中微量元素肥料是指含有硼（B）、锰（Mn）、钼（Mo）、锌（Zn）、铜（Cu）、铁（Fe）等微量元素的化学肥料。微量肥多是树体出现缺素症状后及时叶片喷施补充，如硼肥补充一般在花期以硼酸或硼酸钠溶液进行叶面喷施补充；锌肥多数以硫酸锌溶液在春季萌芽时，叶面喷施补充。

二、有机肥料

粪尿类和厩肥一直是我国普遍施用的重要有机肥之一，其数量很大。这类肥源的数量将随着人口的增加和畜牧业的发展而增加，如能按其特性加以科学利用，对农业生产的发展具有重要作用。各类有机肥的有机质及营养元素含量高低影响施用后效果。下面介绍各类有机肥的营养含量及特点（附录表 5-1），为正确使用提供依据。

1. 有机肥营养元素含量

附录表 5-1　各种有机肥营养元素含量测定统计表

%

有机肥种类	水分	有机质	N	P_2O_5	K_2O
人粪	75.0	22.1	1.5	1.1	0.5
猪粪	82	15.0	0.56	0.40	0.44
牛粪	83	14.5	0.32	0.25	0.15
马粪	76	20.0	0.55	0.30	0.24
羊粪	65	28.0	0.65	0.50	0.25
兔粪		20.47	3.32	0.68	0.58
鸡粪	50.5	25.5	1.63	1.54	0.85
鸭粪	56.6	26.2	1.10	1.40	0.62
鹅粪	77.1	23.4	0.55	0.50	0.95
鸽粪	51.0	30.8	1.76	1.78	1.00
麦秆		13.7	0.50~0.67	0.2~0.34	0.53~0.60
稻草		14.2	0.63	0.11	0.85
玉米秸		15.2	0.43~0.50	0.38~0.40	1.67
豆秸		15.3	1.3	0.3	0.5
大豆饼		67.2	7.00	1.32	2.13
芝麻饼		87.1	5.80	3.00	1.30
花生饼		73.2	6.32	1.17	1.34
棉籽饼		83.6	3.14	1.63	0.97
菜籽饼		73.8	4.50	2.48	1.40
蓖麻子饼		87.6	5.00	2.00	1.90
菇渣		65	1.62	0.45	

2. 不同有机肥特点

(1)猪粪

由于猪的饲料相对较细，猪粪中纤维素较少，含有机质较多，质地较细，

碳 / 氮（C/N）较低，但含水量较多，纤维分解菌少，分解较慢，产生的热量较少，阳离子交换量高，吸附能力较强。

(2) 牛粪

牛是反刍动物，饲料可反复消化，粪质细密，含水量大。C/N 约为 21∶1，牛粪分解比猪粪慢，腐熟过程中产生的热量少，故有冷性肥料之称。

(3) 马粪和羊粪

马粪疏松多孔，纤维素含量高，并含有较多的高温纤维分解细菌，C/N 约为 13∶1，含水分较少，腐熟过程中能产生较多的热量，故有热性肥料之称。羊粪的性质与马粪相似，粪干燥而致密，C/N 约为 12∶1，也属热性肥料。

(4) 兔粪

兔粪含有丰富的有机质和各种养分，可作饲料和肥料。兔粪中氮多钾少，尿中氮少钾多，C/N 窄，易腐熟，在腐解过程中能产生较多的热量属热性肥料。兔粪还含有蔗糖、阿拉伯糖、果糖、葡萄糖及氨基酸、核糖核酸和脱氧核糖核酸等，为作物提供有机养料。兔粪多用于茶、桑、瓜、果树及蔬菜等作物。

(5) 禽粪

禽粪通常指鸡、鸭、鹅的排泄物，其数量取决于饲养量及其排泄量，禽粪中含有丰富的养分和较多的有机质，按干重计，还含有 3%~6% 的钙，1%~3% 的镁和微量元素。绝大部分养分为有机态，肥效稳长。

(6) 饼肥

饼肥是含油较多的种子提取油分后的残渣，俗名油饼，又叫油枯。它含有丰富的营养成分，做肥料用时称为饼肥。这类资源应提倡过腹还田和综合利用。饼肥是果树最好的优质有机肥，主要用作基肥，且常与堆肥、厩肥混合后做基肥，也可用作追肥。

我国的饼肥主要有大豆饼、菜籽饼、花生饼、茶籽饼、柏籽饼等，饼肥中含有 75%~86% 的有机质，氮（N）为 1.1%~7.0%，磷（P_2O_5）为 0.4%~3.0%，钾（K_2O）为 0.9%~2.1%，还含有蛋白质及氨基酸等。油菜籽饼和大豆饼中，还含有粗纤维 6%~10.7%，钙 0.8%~11.0% 及 0.27%~0.70% 的胆碱。此外，还有一定数量的烟酸及其他维生素类物质等。

饼肥中的氮以蛋白质形态存在，磷以植酸及其衍生物和卵磷脂等形态存在，均属迟效性养分，钾则多为水溶性的，用热水可从中提取出 90% 以上。

油饼含氮较多，C/N 较窄，易于矿质化。由于含有一定量的油脂，影响油饼的分解速度。不同油饼在嫌气条件下的分解速度不同，如芝麻饼分解较快，茶籽饼分解较慢。

土壤质地影响到饼肥的分解及氮素的保存。沙土有利于分解，但保氮性较差;黏土前期分解较慢,但有利于氮素保存。

有些油饼中含有毒素,如茶籽饼中的皂素,菜籽饼中的皂素和硫苷,棉籽饼中的棉酚,蓖麻子饼中的蓖麻素,桐籽饼中的桐酸和皂素等,不能直接做饲料,将上述油饼通过化学处理或选育籽实中不含毒素的品种,如含硫苷低的油菜品种,便可饲用以提高饼肥的利用价值。

注意事项:饼肥作追肥要腐熟后才能使用,直接施用要将饼肥充分粉碎后开沟施入,并稍离根系,以免发酵时发热灼伤根系。

(7) 菇渣

指收获完食用菌后的残留培养基,主要由栽培基质和残留的菌丝体组成。菇渣养分丰富,pH 5~5.5,并含丰富的微量元素。菇渣除可作为肥料使用外,还可作为饲料、吸附剂和园林花卉及蔬菜的栽培基质。

三、叶面肥与农药混合喷施注意事项

1. 确保混合后叶面肥和农药的形状稳定

这是因为叶面肥可能与农药发生化学或物理反应,影响农药的有效性或造成药害。

2. 叶面肥与农药的混用顺序要注意

一般是用足量的水先配好一种单剂的药液,再用这种药液稀释另一种单剂;而不能先混合两种单剂,再用水稀释。叶面肥混用时,叶面肥与农药混合的顺序通常为:叶面肥、可湿性粉剂、悬浮剂、水剂、乳油依次加入,每加入一种即充分搅拌混匀,再加入下一种。

3. 混合时要注意水量的质量

水对药液的影响很大,水的酸碱度、离子浓度等都会影响效果。配药用水以离子浓度低的中性水为好,如干净的雨水、河水等。

4. 注意要现配现用

药液虽然在刚配时没有不良反应,但久置容易产生缓慢的反应,使药效丧失或产生药害。

5. 叶面肥与农药混合的使用禁忌

(1) 碱性农药不能与铵态氮肥和过磷酸钙等化肥混用否则会使氨挥发损失，降低肥效。

(2) 碱性肥料如氨水、石灰、草木灰等不能与杀虫剂等农药混用，否则会降低药效。

(3) 化学肥料不能与微生物农药混用。因为化学肥料具有挥发性和腐蚀性，易杀死微生物，降低防效。

附录 6　果园生草覆盖技术规程

一、范围

本技术规程规定了有关果园人工生草中草种选择、果园生草方式、整地、播种时期、播种量、播种技术、播种后管理及自然生草中草种选择、生草园管理等技术措施内容。

本技术规程规定了辽宁省果园生草技术，适用于辽宁省各地果园。降水较多(年降水量在 500 mm 以上)，辽宁省大部分地区如丹东、大连、营口、鞍山等降雨条件都可满足生草要求，降水量低于 500 mm 地区如阜新、朝阳、凌源一线西北部应辅以灌溉，才能适合生草。

二、规范性引用文件

下列文件对于本文件的应用是必不可少的。凡是注日期的引用文件，仅所注日期的版本适用于本文件。凡是不注日期的引用文件，其最新版本(包括所有的修改单)适用于本文件。

GB 4285　农药安全使用标准

GB/T 8321　农药合理使用准则(所有部分)

NY/T 496　肥料合理使用准则　通则

NY/T 2798.4—2015 无公害农产品　生产质量安全控制技术规范　第 4 部分：水果

三、术语和定义

1. 果园杂草

果园杂草是指果园栽培作物以外的一切植物，广义的杂草定义则是指对果园生产有害的植物。

2. 果园生草制

果园生草制也称之为“果园生草覆盖制”（也可称为绿肥间作或免耕制），是指在果园行间或全园生草，以覆盖果园的一种土壤管理方法或制度，包括自然生草和人工生草两种方式。

果园生草制为去除果园中自然生长的杂草，人工种植草本植物来覆盖果园土壤的方式。

3. 自然生草

在生长季节任杂草萌芽生长，人工铲除或控制不适宜杂草，杂草生长至一定高度进行刈割覆盖的方式。

4. 果园覆盖

在树冠下或稍远处覆以有机物、地膜或砂石等。适宜覆盖的有机材料有草、秸秆、树皮、锯末、稻壳、松针土等，无机材料为地膜、地布等。

5. 播种器

播种器是指以种子为播种对象的种植器械，播种器具有播种均匀、深浅一致、行距稳定、覆土良好、节省种子、工作效率高等特点。常用的播种器有手摇式小型播种器、手推式播种机、大型拖拉机牵引式草坪播种机等。

6. 刈割

利用刀具或割草机械控制果园行间生草高度的一种果园土壤管理方法。

7. 行间生草

指果树行间种植草本植物或利用自然杂草、行内实行清耕的土壤管理制度。

8. 全园生草

果园中除树盘下，全部生草的土壤管理制度。

9. 恶性杂草

植株高大、秸秆木质化程度高或攀缘能力强、传播迅速、果园中难以防治，危害形成自然低矮草被的杂草。

四、人工生草技术

1. 果园生草方式

土层深厚、肥沃、果树根系分布深的成龄果园，可全园生草，但也避免在树盘下（距离主干 60 cm 以内）生草。反之，土层浅而瘠薄的幼龄果园，可采用行间生草方式，草带应距离树盘外沿 40 cm 左右。在年降水量少于 500 mm、无灌溉条件的果园，不宜生草。

2. 整地

清理果园杂草及石块，利用旋耕机将行间旋耕一遍，旋耕深度不低于 20 cm，确保土壤平整疏松。在土壤管理粗放、杂草极多的果园，可在播种前喷施除草剂控制杂草，除草剂残效期过后再播种。

3. 草种的选择

辽宁省平地果园适宜采用的商业草种包括：黑麦草、早熟禾、紫花苜蓿、白花三叶草、红花三叶草及鼠茅草等，降水量在 500 mm 以上的辽南地区，如熊岳、大石桥、营口、大连等地区可栽种白花三叶草、紫花苜蓿和鼠茅草；鞍山以北地区可采用紫花苜蓿、白花三叶草和红花三叶草；乡土草种包括马唐、稗草、苦苣菜等。山地果园主要以乡土草种为主，适当混播部分商业草种。果园土壤条件好、管理水平较高的果园适宜栽植白花三叶草；土壤条件较差、地力需要培养、水土需要保持的果园适宜播种一年生黑麦草和鼠茅草。

4. 播种时期

越冬性较强的草种秋季播种较好，反之，春季播种为宜。白花三叶草和多年生黑麦草，可在春季或秋季播种；紫花苜蓿在春季、夏季或秋季均可播种。当气温稳定在 5 ℃以上时即可进行春播；秋季一般在夏末秋初播种。在熊岳及沈阳等地，秋播的鼠茅草抑制杂草能力较春播强。熊岳地区秋播在 8 月底，沈阳地区秋播在 8 月中下旬进行。具体播种时间应视天气情况而定，最佳播种时间为当地降雨期持续 1 周左右的时候。

5. 播种量

白花三叶草、紫花苜蓿播种量为 0.5~1.5 kg/ 亩，黑麦草播种量为 3~4 kg/ 亩，鼠茅草播种量 1~1.5 kg/ 亩。可根据土壤墒情适当调整播种量，一般土壤墒情好，播种量宜小；土壤墒情差，播种量宜大。

6. 播种技术

播种方式主要采用撒播或条播。种子小的草种通常采用撒播；不易萌发但分蘖能力或生长势强的草种，如紫花苜蓿或白花三叶草，采用条播。对于种子小的草种，播种时要与细沙混匀后再进行播种，使用抖动法将草种均匀撒播到土壤表面，然后用短齿耙轻耙，使种子表面覆土 2~3 cm，不需镇压。一般情况 2~3 d 即可出苗，1 周后可对少苗或无苗区补播。小型果园（10 000 m^2 以下）采用手摇式小型播种器或手推式播种机播种即可，大型果园（100 000 m^2 以上）多采用大型拖拉机牵引式草坪播种机进行播种。

7. 播种后管理

(1) 清除杂草

生草初期应及时清除杂草，春季播种的鼠茅草需要人工去除杂草 2~3 次，从 4 月中旬开始，每隔 10 d 除草 1 次，直到鼠茅草长至 20 cm 高、具备极强抑制杂草能力为止。

(2) 肥水管理

注意加强苗期肥水管理，当草长至 10 cm 左右，结合降雨，撒施尿素 5~7.5 kg/ 亩，半个月以后，再施 1 次。施用肥料按照 NY/T 496 肥料合理使用准则规定施用，施肥后要及时灌水，防止烧苗。

(3) 刈割

鼠茅草园不需进行刈割。其他草种株高近 40 cm 时进行刈割，豆科草留茬 15 cm 左右，禾本科草留茬 10 cm 左右。平地果园可利用便携式割草机刈割，山地果园采用便携式割灌机或动力式果园割草机械进行刈割。每年刈割 4~6 次为宜，雨季后期停止刈割。带状生草，刈割下的草覆盖于树盘上；全园生草，果园刈割的草就地撒开，也可开沟深埋，与土混合腐烂成肥。秋播的果园草当年不进行刈割，自然生长越冬后进行常规刈割管理。

五、自然生草技术

1. 草种选择

草种应具备无木质化或仅能形成半木质化茎秆、须根多、茎叶匍匐、矮生、覆盖面大、耗水量小、适应性广等特点，并以一年生草种为主要对象。马唐、虱子草、虎尾草、绿狗尾草、稗草、车前草、蒲公英、荠菜、马齿苋、野苜蓿等都可以作为自然生草的草种。但在自然生草果园中，应去除深根性恶性杂草，如藜、苋菜、苘麻；串根性杂草，如小蓟、茅草；缠绕性杂草，如葎草、萝藦、菟丝子、牵牛花。

2. 生草园管理

一般于春季进行人工拔除自然生草果园中的恶性杂草，连续拔除 2~4 次。在果树萌芽、开花、展叶需要肥水较多的时期，应刈割 2~3 次以控制草的生长，保证土壤中的水分、有机质优先满足果树生长。每年根据实际情况刈割 2~5 次，并将刈割的草覆盖树盘。

六、病虫害防治

生草期间应加强果园草的病虫害防治。在坚持“预防为主、综合防治”的原则下及时采用恰当方法，防治褐斑病、叶枯病、叶锈病、条锈病、叶斑病、玉米螟、黏虫、叶蝉、地老虎、蛴螬等病虫害。农药使用应安全合理，GB/T 8321.10—2018《农药合理使用准则(十)》执行。

附录 7　榛树树体自然灾害预防

榛树经常发生的自然灾害有冻害、抽条、冻旱、霜冻、涝害等。现将直接影响榛树生产的冻害、抽条、霜冻、日灼等灾害和防治措施分述如下：

一、冻害

冻害指榛树在休眠期因受零下低温(欧洲榛为 −4 ℃以下，平欧杂种榛为 −30 ℃以下)的伤害而使细胞和组织受伤或死亡。

1. 冻害的表现及原因

榛树冻害一般表现为幼树 1~2 年生枝条，轻微冻害时，仅髓部变褐色；较重时，枝条干枯。多年生枝冻害，常表现树皮局部冻伤，冻伤部分，皮层变褐色，其后，逐渐干枯。芽子受冻时，芽孢干裂，鳞片张开、芽干枯；雄花序受冻，花药变深褐色，雄花序不能正常开放。

影响榛树冻害发生的因素很复杂。从内因来说，冻害与品种、树龄、生长势、当年枝条发育成熟度及越冬锻炼情况密切相关。从外因来说，则与地理位置、土壤地势及当年的影响因子等均有很大影响。

榛树因种类、品种不同，抗寒力差别很大。欧洲榛抗寒力差，休眠期只能耐 −6~−4 ℃低温，平欧杂种榛则能耐 −30 ℃的低温。欧洲榛芽鳞片少且松散，芽子易冻，平欧杂种榛的芽鳞片多，而且包得紧，芽子不易受冻。枝条成熟度强的、营养物质积累多的则抗寒性强；反之，枝条成熟度差，不充实，营养物质积累得少，则抗寒力弱，易受冻害。树势强壮的榛树较生长势弱的抗寒性强。气象条件是造成冻害的直接因素，持续低温，土壤干旱及空气干燥等会加重冻害。阳面枝干较阴面枝干冻害重。有雪覆盖的榛树有利于越冬。冬季气温高、温差大加重榛树冻害。

2. 防止冻害的主要措施

(1) 选育抗寒品种

这是防冻害最根本而有效的措施和重要途径。目前已培育的抗寒丰产的榛树有达维、玉坠、辽榛 6 号等品种。

(2) 因地制宜，适地栽培

如欧榛系适宜在北纬 32°~36° 以南的黄河—长江流域，年平均气温达到 13~16 ℃地区栽培。而榛树系品种可在年平均温度 4~15 ℃的沈阳以南至长江流域（北纬 31°~46°）地区栽培。

(3) 加强年周期的综合管理技术，对提高其抗寒力具有重要作用

春季加强氮素和水分的供应，促进前期旺盛生长，使枝条生长健壮；后期应及时控制氮肥和水分，增施磷肥、钾肥和夏季修剪，促使新梢及时停止生长，使之充分成熟、积累养分，接受锻炼，及时进入休眠，对提高抗寒力，特别是幼树尤为重要。

(4) 加强树体越冬保护

榛树定植后每年要在土壤结冻前对树干基部培土，高度为 25~30 cm。另外，设风障、包草、涂白等均有一定的效果。

二、抽条

有些榛树，尤其是幼龄榛树，在冬、春季节由于枝条失水过多，出现表皮皱缩、干裂、枝条干枯的现象，称为“抽条”。俗称为“抽梢”（视频 21）。榛树抽条已成为制约榛树高效栽培的重要因素，2017 年冬季，是抽条现象爆发极其严重的一个冬季。我们综合各位专家对辽宁沈阳、铁岭、辽阳、普兰店、辽西等地抽干严重现象及成因及预防分析，介绍榛园抽条原因及防治措施。

视频 21
榛树抽条

1. 抽条表现

树体抽条虽与低温有关，但不是冻害，也不是日灼。冻害一般雄花序及芽全部开裂，枝条髓部变褐；日灼是指干枯枝条内部形成层出现褐变、树皮开裂、严重时木质部也发生褐变。榛树抽条后枝条髓部呈绿色干枯。但抽条往往与冻害、日灼相伴发生。

2. 榛树树体抽条原因

(1) 品种

品种抗寒、抗旱是各地引种首先要考虑的因素，各地气候不同，要因地制宜选择适合栽植的榛树品种。

(2) 地形、地势

对辽宁省10个市25个乡镇60块园地调查发现，发生较为严重冻害，多分布在辽河平原及周边、半干旱地区，干旱、少雨、温度变幅大等是诱因，湿润地区或虽干旱但管理良好果园各类冻害发生较轻。

(3) 树龄

抗抽条品种，一般幼树或盛果期树一年生枝条抽条概率大。幼树、一年生枝条生长旺盛，停止生长较晚，细胞组织里水分多，脆弱，冬季容易遭受风害，梢部干缩。抽条表现为枝干失水、干枯皱缩，轻者梢顶端或上部树梢抽干，重者可抽至根颈部，地上部分全部死亡。

(4) 气候

降雨量是榛树抽条的影响因素之一，即使抗抽条品种，在干旱少雨、冬、春雨雪较少年份冬季抽条现象发生会加重，据调查，沈阳2010年以前降水量在700 mm以上，2014—2017年平均降水量仅为552.65 mm，降水的减少，导致榛树冬季抗抽条能力降低。另外，榛树春季发芽前风大，气温高，幼树地上部分蒸发量大，但地温较低，根系活动能力差，所吸收的水分不能满足地上部枝条的需要，易产生抽条现象。

(5) 树势

由于各项管理不当，如繁苗消耗了大量营养、枝条抵抗力弱；结果过多消耗了大量营养，枝条不充实；很少施肥或施肥不足的导致树体营养状况差、树势衰弱都会加重抽条现象发生。

(6) 病虫害侵害

有调查发现，吉林一果园榛树基部树干大面积被大青叶蝉卵所侵蚀。大青叶蝉产卵时刺伤植物皮层，将卵置于皮下组织，卵靠吸食树干的液体营养生存，使树干的汁液损失、叶绿素及树体韧皮部被破坏，造成榛树抽条。另外，朝鲜球坚蚧、煤污病等病虫害若不及时防治，也会导致树体衰弱，发生抽条。

3. 预防措施

(1) 选择优良品种

选择优良品种是关键，不同地区选择适宜栽培品种；在干旱、半干旱地区选择最抗干旱品种。抗抽条最好的品种为达维、玉坠；中等品种为平欧28号(85-28)、平欧21号；极容易抽条的品种为辽榛7号、辽榛3号、辽榛8号。

(2) 前促后控，促进枝条成熟，增加树体贮藏营养

在榛树生长前期多施肥水，促进幼树枝叶生长茂盛，为积累营养物质打下基础。熊岳地区7月中旬后不要施用促进枝条营养生长的氮肥，应增施磷、钾肥，

叶面喷施 0.3% 的磷酸二氢钾对于枝条和叶片的成熟很有效。合理进行夏季修剪，控制榛树生长，促使枝条充实，增强榛树抗寒能力。土壤刚解冻时及时中耕松土对防止抽条也有一定的作用。

(3) 冬灌封冻水，早灌解冻水

11 月上旬灌封冻水，由于树体可贮存大量水分，从而减缓冬季水分的蒸腾，早春 2 月下旬至 3 月上旬灌水，可提高土壤湿度，同时水分放出潜热，促进土壤提前解冻，利于根系活动吸收水分，及时补充树体内水分的亏缺，防止了抽条的发生。

(4) 及时防治病虫害

加强榛园病虫害防治，对于蛀干害虫更要注意防范。不种植易发生大青叶蝉的蔬菜或农作物，当树行或附近杂草中大青叶蝉较多时，要在秋季危害前喷菊酯类等杀虫剂防治大青叶蝉。

(5) 树体根颈培土，绑草把，做土埂

对于新栽的幼龄榛树埋土，这样既可以减少树体水分的蒸发，又能起到保温防寒的作用。对于较大的榛树，可采取培埂方法，即在树干北面培起 60 cm 以上高的月牙形土埂，以改变树体周围的小气候条件，提高地温，缩短土壤结冻期，使根系及时吸收水分，减轻或防止抽条。用作物秸秆或塑料薄膜等将幼龄榛树的枝干包扎起来，也可以减少水分蒸发和寒风侵袭，对防止抽条有良好的效果。

(6) 树体涂白

用石硫合剂、食盐、豆浆、石灰等(配方见果树涂白)，加适量水调和成涂抹剂，涂刷于幼龄榛树的主干上，既可以减少树体水分蒸发，防止冻害，还兼有杀越冬虫卵的作用。另外，可喷施保水剂，以减少水分蒸发，防止抽条。

(7) 调整榛园小气候

营造防护林可明显减轻榛树越冬抽条，或在榛树北侧筑起 60~70 cm 高的半圆形土埂，可以造成温暖向阳的小气候，使土壤提早解冻，也可减轻抽条的发生。

三、霜冻

1. 霜冻表现与原因

榛树在生长季节由于急剧降温，水汽凝结成霜而使树体幼嫩部分组织受冻，称之霜冻。对于榛树来说，在北方地区晚霜较早霜更具危害性，春季随着气温的上升，榛树解除休眠，进入生长期，雌花开放早，易遭受霜冻。大连地区 3 月中下旬，沈阳地区于 3 月下旬至 4 月上旬雌花开花。此时遇霜冻，0 ℃以下低温可使雌花柱头变黑，停止伸长，不能授粉受精。当萌芽期受霜冻时，嫩芽嫩叶变褐色，影响树体发育和当年榛子产量。

霜冻发生与外界条件有密切关系。在冷空气易于集聚的地方发生霜冻较重，在空气流通处霜冻轻。湿度大可以缓冲温变，减轻霜冻危害，温度回升慢植株受害轻，树体可以恢复，如果温度骤然回升则会加重受害。

2. 防止措施

(1) 建榛园园地选址时，避免易经常出现霜冻地区。

(2) 延迟萌芽和开花时间，可以减轻霜冻危害程度。可采取下列措施。

①春季喷水、灌水多次，可降低土温，延迟开花，花前灌水 2~3 次，可延迟开花 2~3 d。连续定时喷水可延迟 7~8 d 开花。

②春季对主枝干涂白，可减少对太阳热能的吸收，可延长开花 3~5 d，或用 7%~10% 的石灰液喷布树冠，花期也可延期 3~5 d。

(3) 在春季开花期，要经常听天气预报，一旦预报有霜冻，要及时准备，在榛园内熏烟。熏烟方法是用易燃的干草、刨花、秫秸等与潮湿的落叶、草根、锯屑等分层交互堆起，外面再覆一层土，中间插上木棒，以利于点火和出烟，发烟堆不高于 1 m。发烟堆要分布于榛园四周和内部。根据气象预报，在有霜冻的夜晚，当温度降至 5 ℃时即可点火发烟。也可用配制的防霜烟雾剂防霜冻，效果很好。烟雾剂的配方为：硝酸铵 20%、锯末 70%、废柴油 10%。将硝酸铵磨碎，锯末过筛，锯末越细发烟越浓，持续放烟时间越长。霜冻来临之前，将配料按比例混合放入铁桶或纸筒内，根据风向放置药剂，待霜降前点燃，可提高温度 1~1.5 ℃，烟雾保持 1 h 左右。

(4) 加强榛园综合管理，增强树势，可提高抗霜能力。

四、日灼

日灼又称日烧，俗称“破肚子”，一般发生在寒冷的冬季和冬末春初，受害部位多发生在树干基部的阳面（南侧与西南侧）40 cm 以下部位。日灼一般表现为树皮裂口，片状褐变并塌陷，伤害部位的形成层坏死，并伴随腐生菌的作用，树皮伤害坏死的面积越来越大，进而木质裸露，受损大枝衰弱死亡，严重的导致整株地上部干枯，一般幼龄树发生较轻，5年以上成龄树较重。

日灼的产生主要是由于早春季节夜间气温常在冰点以下，枝干组织处于冻结状态，但日出后阳光直射树木基干阳面，使原已冻结的形成层迅速融化并失水，冻融的交替使枝干阳光直射面皮层和形成层组织坏死，严重时会造成表皮开裂。在冬季寒冷，昼夜温差大的地区常会出现日灼，但冬季有大雪覆盖(30~40 cm)的地区日灼发生较轻。因此，日灼与冬季低温冻害有关。但低温不是唯一的决定因素，低温、变温、干旱、大风、光照强度等是导致日灼的综合环境因素，另外，品种及园区栽培管理也是造成日灼的影响因素，与抽条影响因素相似，此处不再叙述。

榛树的日灼问题是可以预防的，常用的预防措施包括：

1. 选择适宜品种

应选用本地区适栽的抗寒性品种。目前主栽的榛树品种(系)在抗寒性方面存在较大差异，根据其抗寒能力的强弱，可分为3类，抗寒性最强的一些品种是达维(84-254)、玉坠(84-310)、辽榛3号(84-226)、辽榛7号(82-11)、平欧15号(82-15)、平欧21号(B-21)、平欧210号(81-21)；抗寒性较强的是辽榛4号(85-41)、平欧33号(83-33)、平欧48号(84-48)、平欧69号(84-69)、平欧237号(84-237)；抗寒性一般的是辽榛1号(84-349)、辽榛2号(84-524)和平欧545号(84-545)。在我国的北部栽培区(N41°~N47°)，主要为黑龙江省北纬47°以南地区，包括齐齐哈尔南部、绥化南部、佳木斯南部、双鸭山南部、大庆、哈尔滨、鸡西、七台河、牡丹江等地；吉林省中部和东部，包括长春、吉林、四平、辽源、延边朝鲜族自治州、白山、通化等地；辽宁省的铁岭、沈阳、抚顺、本溪、辽阳、锦州北部、丹东等地；河北省的张家口、承德。上述栽培区适合的品种(系)应为最强抗寒品种(系)类型。

2. 园地选择及建设防风林

在园地的选择方面，新建榛园尽量选取缓坡地或平地，避免在风口、低洼涝地建园，土层厚度在40 cm以上，土质以沙壤土、壤土及轻黏土为宜，pH 5.5~8.0。防风林带对减轻日灼的危害效果较明显，除降低风害外，还可提高冬季榛园的温度，保持榛园内的空气湿度，减轻日灼、抽条等危害发生的程度，因此，有条件的地区或大型榛园应构建防风林带。

3. 结果园与育苗园分开

针对日灼的前期调研发现，不育苗的结果园发生日灼较轻或者不发生，压条育苗的榛园发生日灼严重，因此育苗是发生日灼的重要助长因素。因此，生产园应停止育苗，并与苗圃严格分开，要生产苗木就单独建立苗圃，不宜采取苗果兼收的经营方式。

4. 榛园及树体管理

(1)更改树形

出现冬季日灼的地区或品种(系)应逐渐更新为丛状树形，在树体的西南方向多留枝，使枝干间能够相互遮挡，以减轻日灼损伤，丛状树形即使有主枝发生了日灼损伤对全树的影响也不大，可采取轮流更新的方式去掉，这样可大大降低死树的风险(该树形在鼠害发生的地区更具明显的优势)。

(2)增强树势

增强树势也是预防日灼现象的主要措施。生产园应注重树体营养的补充，秋施有机肥，并在新梢生长、果实膨大、花芽分化等关键时期进行追肥，以增强树势。

(3)水分控制

调整榛树的水分供应，前促后控，入冬后浇封冻水，春季萌芽前浇萌芽水，以满足树体在休眠期对水分的需求；存在积水现象的地块应挖排水沟，避免因涝害导致树体营养不良或晚秋贪青徒长。

(4)除萌

及时、尽早剪除萌蘖，每年至少3次，后期除萌蘖不及时不利于树体营养积累。

(5)适度修剪

修剪不过重，树体生长量适度；树干基部修剪要留放水枝、保护橛，以减少较大的伤疤出现；如有较大的伤疤，剪后要及时涂抹伤疤愈合剂或涂抹铅油并注意防止病虫的寄生；在高寒地区选用多干丛状树形。

(6)越冬防寒

采用树体涂白、根颈培土、绑草把等树体冬季防寒措施。

5. 受损树体的修复也是榛园管理的重要技术，及时观察，对于有日灼现象的榛园要做到早发现、早修复。主要措施为：

(1)杀菌剂处理

榛树发生日灼、树皮开裂时，会伴随腐生菌侵染，因此应及时用杀菌剂涂抹裂口部位，进行杀菌处理；果腐宁、伤疤宝等一些药剂具有杀菌和促进伤口愈合的作用，使用时可刮去受日灼伤害而死亡的树皮，并涂抹药剂。

(2)桥接

对出现严重冬季日灼伤害的大树，可利用基部萌蘖在受损枝干的一侧进行桥接，以补充树体养分的供应。

(3) 留更替株

对于日灼伤害严重、树体面临死亡危险的植株，要提前利用萌蘖预留更替株，待日灼老株逐年衰老死亡时，更替株已经长大，这样就不会因树体死亡而影响产量。在气象变化的应急防御方面，目前还缺乏有效的措施。

视频教学资源索引

参考文献

[1] 梁维坚 . 中国果树科学与实践　棒 [M]. 西安：陕西科学技术出版社，2015.

[2] 贺红霞，秦嗣军 . 果树寒害与防御 [M]. 延边：延边人民出版社，2002.

[3] 梁维坚，王贵禧 . 大果榛子栽培实用技术 [M]. 北京：中国林业出版社，2015.

[4] 张宏霞 . 大果榛丰产栽培技术 [J]. 山西林业，2011（6）：23-25.

[5] 毛丹 . 平欧榛栽培技术 [J]. 安徽农学通报，2011，17（10）：239-240.

[6] 张林霞 . 大果榛实用栽培技术浅谈 [J]. 现代园艺，2013（17）：40-43.

[7] 严春光 . 平欧杂交榛子丰产栽培技术 [J]. 北方果树，2016（4）：43-45.

[8] 常书蓉，黄显奇，艾新民 . 杂交榛栽培技术试验 [J]. 北方果树，2004（3）：22-24.

[9] 李朝阳，赵清泉，马玲 . 东北地区榛树病虫害防治研究进展 [J]. 吉林农业，2017（13）：92-95.

[10] 孙俊 . 辽宁省榛新病害——果苞干腐病病原鉴定初报 [J]. 中国果树，2013（6）：62-63.

[11] 于薇薇 . 大果杂交榛子病虫害的防治 [J]. 北方果树，2013（3）：26-27.

[12] 马瑞峰 . 榛树主要病虫害发生规律及其防治 [J]. 黑龙江农业科学，2016（4）：53-56.

[13] 李华，钟思兰，刘剑锋 . 榛实象甲的生物学特性及防治对策 [J]. 安徽农业科学，2016（26）：119-121.

[14] 胡跃华 . 榛卷叶象甲生物学特性及防治措施 [J]. 辽宁林业科技，2011（4）：32-33.

[15] 马瑞峰 . 榛树主要病虫害发生规律及其防治 [J]. 黑龙江农业科学，2016（4）：53-56.

[16] 寇晓慧 . 铜绿金龟子的发生及防治措施 [J]. 现代农村科技，2014（3）：25.

[17] 胡跃华 . 榛黄达瘿蚊生物学特性及防治措施 [J]. 林业实用技术，2011（10）：37-38.

[18] 胡跃华 . 辽宁平榛主要有害生物的发生及防治 [J]. 辽宁林业科技，2016（2）：76-78.

[19] 刘义，刘春静，刘淑艳，等 . 辽宁铁岭榛白粉病病原菌研究 [J]. 菌物研究，2013（1）：24-26.

[20] 王忠 . 平榛白粉病发生规律的研究 [J]. 防护林科技，2016（7）：46-48.

[21] 顾玉锋，牛兴良 . 粘虫胶板在野生榛林防虫减灾中应用试验 [J]. 中国林副特产，2016（3）：39-41.

[22] 乔雪静，封慧戎，封凯戎，等 . 榛子病虫害的防治措施 [J]. 北京农业，2016（3）：44-45.

[23] 戴永利，于冬梅 . 平欧杂种榛配方施肥研究 [J]. 辽宁林业科技，2016（2）：20-21.

[24] 林宝凤 . 大果榛子的合理施肥方法 [J]. 现代农业，2011（8）：78-79.